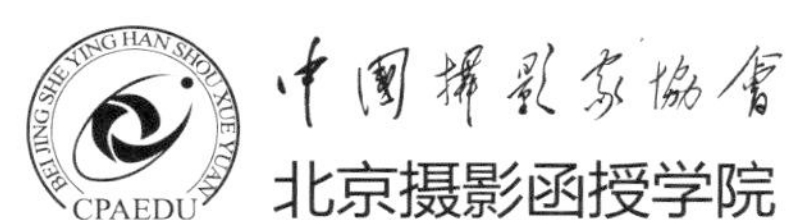

# 数码摄影后期

杨 明 著

中国摄影出版传媒有限责任公司
China Photographic Publishing & Media Co., Ltd.
中国摄影出版社

图书在版编目（CIP）数据

数码摄影后期 / 杨明著 . -- 北京 : 中国摄影出版传媒有限责任公司 , 2022.12
ISBN 978-7-5179-1237-8

Ⅰ . ①数 ... Ⅱ . ①杨 ... Ⅲ . ①数字图像处理 Ⅳ . ① TP391.413

中国版本图书馆 CIP 数据核字 (2022) 第 232795 号

---

北京摄影函授学院教材系列丛书策划：张希红　孟　超

数码摄影后期
作　　者：杨　明
出 品 人：高　扬
执行策划：常爱平　宋　蕊
责任编辑：宋　蕊
装帧设计：胡佳南
出　　版：中国摄影出版传媒有限责任公司（中国摄影出版社）
地址：北京市东城区东四十二条 48 号　邮编：100007
发行部：010-65136125　65280977
网址：www.cpph.com
邮箱：distribution@cpph.com
印　　刷：北京启航东方印刷有限公司
开　　本：16 开
印　　张：17.5
版　　次：2023 年 10 月第 1 版
印　　次：2023 年 10 月第 1 次印刷
ISBN　978-7-5179-1237-8
定　　价：98.00 元

# 目 录

Chapter

# 第一章　数码摄影后期的源流与概述

1

**【学习目标】**

1. 简略了解摄影后期的起源和发展。
2. 了解传统暗房技术和数码后期调整的关系。
3. 对数码后期的操作流程和后期思路的建立有初步的认识。

说到数码后期，大部分人并不陌生。相信现在大部分人的手机里都会或多或少装有一款甚至几款图片处理应用程序（APP）。很多人在将自己拍摄的影像发至微信“朋友圈”之前，都会对影像进行一番调整或“美颜”，数码后期就是以这种简单程序化的操作进入大众视野的。然而数码后期作为一门系统专业学科，除了复杂繁多的软件操作工具和“烧脑”的技法原理之外，它的发展脉络是什么？传统暗房技术和数码后期调整有着怎样的关系？数码后期操作所包含的流程和内容又是什么？如何更有效地操作后期处理工具？这些都是我们在进行后期调整之前必须了解和学习的内容，只有了解了这些内容，才能对我们准备进行后期调整的影像建立起有效的后期调整思路以及更好地灵活搭配使用各种调整工具。

# 第一节　摄影后期的起源

说到摄影后期，大家头脑中出现的可能大都是运用Photoshop、Lightroom、Snapseed等图像处理软件对图像进行调整、修饰与合成的画面，并默认为它是随着数码设备的产生而出现的。实际上，在摄影发展初期，摄影后期技术便已应运而生，与摄影有着密不可分的关系。早期的摄影师如果想获得一张照片，首先需要用相机拍摄，然后通过化学材料使底片显影，再通过影像放制才能完成，在这一过程中，显影和放大成像的环节其实就是摄影后期，只是那时候人们不称之为“摄影后期”而已。摄影后期的出现源于三点，即摄影本身的需要、器材的限制和创作的需要。

首先，摄影本身的需要。了解传统摄影的朋友都知道，传统摄影中的暗房操作是整个摄影过程中必不可少的环节。在传统摄影过程中，一张照片的呈现需要通过相机拍摄，将光影信号转化记录到胶片上，然后在暗房里通过对底片进行显影、停影、定影等步骤对影像的影调和反差等进行控制，最后通过影像放制才能使拍摄内容呈现在相纸上。暗房操作这个环节其实就是摄影后期的早期呈现方式。只是在摄影发展早期，摄影后期在整个摄影环节中所占比重较小；随着摄影技术的不断发展，以及人们审美水平的逐渐提升，摄影后期的比重逐渐增加，后期处理技术也随之增多并趋向成熟。

其次，器材的限制。无论是早期的传统摄影，还是时下的数码摄影，器材拍摄出来的图片都不能达到所见即是的效果。这种差别主要是受器材成像的宽容度所限，器材成像的宽容度范围不及人眼那么广。同时又受到感光材料、光线和曝光误差等因素的影响，拍摄出来的图片往往发灰，颜色不饱和，达不到摄影师的要求。为了还原真实场景，摄影师便会运用暗房处理技术对底片进行曝光增减、影调控制和对比度调整等，使照片最终呈现效果达到拍摄现场的光影效果和丰富层次。

其三，创作的需要。众所周知，摄影是一门捕捉瞬间的艺术。由于场地、拍摄角度、设备等方面的限制，摄影师在按下快门的瞬间难免会造成拍摄上的缺憾，影响画面效果，比如曝光不足、构图失衡、瞬间形态不佳等问题。摄影师为了让照片能有更加完美的呈现，会通过后期技术对所拍摄的画面进行重新调整或者二次构图。在胶片摄影发展成熟后，很多摄影师并不满足于单纯拍摄眼睛看到的景物，希望能更多地表达自己内心深处的想法。他们会利用多底合成的暗房技术对画面进行“移花接木”，通过暗房中的二次创作，使得作品最终达到摄影师想象中的画面效果。

实际上，摄影后期是摄影活动中很自然的一部分。仅凭拍摄，很多作品难以达到比较理想的效果。优秀的摄影作品往往都是运用明暗调整、颜色调整以及合成等后期技术来实现的，这些后期操作可以让作品更加符合人们的审美倾向。

# 第二节　传统暗房与数码后期的关系

近年来，随着数码相机及其周边器材爆炸式的增长，数码摄影基本取代了传统摄影。数码后期凭借方便、快捷、直观等优势，快速推动了摄影后期技术的发展，尤其是当下智能手机的图片处理功能不断增强和智能化，基本上使全民进入了“后期时代”。相信现在大部分人的手机里或多或少都装有一款图片处理应用程序（APP），在将图片发至朋友圈前都需要对图片进行一番“美颜”等修饰，这就是“全民后期”的体现之一。对摄影后期不熟的朋友可能会认为数码摄影后期的处理技术是随着 Photoshop 软件的出现才有的，其实数码后期处理软件运用的很多技法和原理早在胶片时代就已经发展得相当成熟了。

以现在常用的软件 Photoshop 为例，其核心处理功能（如局部调整、细节刻画、图层、蒙版等后期处理工具）所能实现的效果

图 1-2-1　杰利・尤斯曼作品

在以前胶片摄影的后期中都能完成。摄影后期技术在胶片摄影时期被称为“暗房技术”。暗房师在一个不透光的房间里对拍摄后的底片进行显影、定影，并完成明暗调整等后期工序。有时，暗房师还会运用追冲、加云、中途曝光、色调分离、多底合成、修整底片、拼接等暗房技术对影像进行局部处理或者二次创作，使成像效果符合摄影师的要求以及达到大众审美的诉求。其中，多底合成就与 Photoshop 的图片合成技法原理如出一辙。图 1-2-1 中就是美国摄影师杰利 · 尤斯曼运用传统的暗房制作技法，将不同底片上的影像叠合成一幅画面制作而成的两幅具有“蒙太奇”效果的艺术作品。

许多人像摄影师为了使自己拍摄的人物更加美丽出众，还在原来的暗房技法上研究出了专门对人像底版涂红，用铅笔或墨笔填修或者消除斑点，对五官或人物整体进行勾勒等处理技法，甚至还出现了刮膜、着色、着光、提光等放制照片的后期技艺。这些技法和现在数码后期中的磨皮、瘦脸、光影刻画等处理手段基本相似。图 1-2-2 中的图片是采用传统暗房技法处理前后的效果对比图。右图将左图人物面部

图 1-2-2　传统暗房技法处理前后的效果对比图（作者：张左）

及其轮廓边缘、背景进行了压暗处理，这样一来，人物的面部呈现更加立体，背景的渐变过度更自然和有层次了。图 1-2-3 中的两幅图片均为《良友》杂志的封面图片，它们都采用了手工上色的技法，对黑白影像进行着色，还原了人物的容颜。

总的来说，在摄影从胶片到数码的转变过程中，摄影后期技术本质上并没有翻天覆地的变化，后期处理的思路、原理基本一致，只是在操作工具和实现方式上产生了变化。技术对操作者的技术水平要求较高，同时受设备所限，暗房技术很难实现大众化普及，然而，得益于如今数码时代技术的进步，传统暗房转为数字暗房，暗室变成了“明室”，相应技术操作也变得更加简便易懂，为大众所掌握。

图 1-2-3 《良友》杂志封面图片

## 第三节　数码后期的调整内容与操作流程

相信接触过数码后期制作的朋友都有过这种感受，就是被复杂繁多的软件操作工具和“烧脑”的技法原理吓倒，这也导致了很多朋友瞬间萌生放弃学习数码摄影后期的念头。不可否认，数码后期的确是一门系统的专业学科，不仅需要熟练掌握软件的功能技法，还要具备良好的美学素养。娴熟的技术和良好的美学素养再加上理性的工作方式和感性的创作思维，才能保证图片在经过一番后期处理之后更加不同凡响、高人一筹。

很多朋友学习数码摄影后期处理的出发点不太准确，有的人会过于关注工具的使用，而美学基础又比较薄弱，这往往会导致其在数码后期学习时找不到一个有逻辑的学习体系，面对各种调整参数、操作步骤及各种酷炫效果，往往陷入其中而迷失方向。其实在数码摄影后期制作环节中，从难易程度上划分，可分为两个阶段，即调整阶段和制作阶段。调整阶段主要是对图片因拍摄而引起的曝光、反差、颜色、构图等缺陷进行校正和调整，再对图片中要突出的内容进行强化，让图片呈现更接近理想的效果。制作阶段主要是当图片中有不可修复的瑕疵或者特殊创作意图时，运用后期技术对图片的内容进行移动、增减及替换来实现作者所想象的呈现效果，比如替换天空、人物场景合成等。

调整和制作两个阶段所运用的工具和调整的内容各有不同。调整阶段主要是对图片的明暗和颜色进行调整。在调整区域上又分为整体调整和局部调整，整体调整主要是对图片的整体明暗和颜色进行调整，比如影调和色调。局部调整主要是对图片的局部明暗和颜色进行精细调整，让图片中的局部明暗和颜色分布有主次，有层次。在局部明暗关系里，主要视觉元素的亮度和颜色饱和度都要高于其他元素，这样既可以让图片在整体上有突出的影调和色调，又能保证图片局部内容的呈现更丰富，更有可读性。

制作环节主要是运用后期合成技法对图片的内容进行移动、增减、替换等操作，来实现创意效果或弥补拍摄缺陷。制作环节除了要对合成内容进行明暗和颜色调整之外，还要把握好合成内容的透视比例关系、虚实关系、光影关系等。相对于调整环节，此环节要求制作者对工具的掌握程度和综合的美学素养相对更高。一般情况下，数码后期的调整环节就基本上可以满足大部分的摄影后期需求，本书也将着重讲解调整环节的相关内容。

摄影后期过程其实是一个感性和理性结合的过程，不仅需要理性地分析图片和有逻辑地操作工具，还要用感性的思维去发挥创意想象，从而使后期工作效率和效果最大化，具体后期流程可参见图 1-3-1 所示。在数码摄影后期操作过程中应遵循几个原则：在调整内容上应先调整明暗再调整颜色；在调整步骤上应先校正，后调整，再创意；在调整区域上应先整体，后局部，再整体；在执行程度上应先粗调，再精修。

第一，先做整体的画面校正。通过对图片的整体预览，找出图片的缺陷，如曝光不正确、色温不合理、镜头扭曲严重、颜色发灰、脏点存留等问题。然后运用校正工具对画面进行准确的还原调整，让画面接近拍摄时眼睛所见到的效果。

第二，对图片做整体调整。根据个人审美要求，对图片的影调、色调进行相应的强化或减弱，让图片有一种整体的视觉风格和美感。

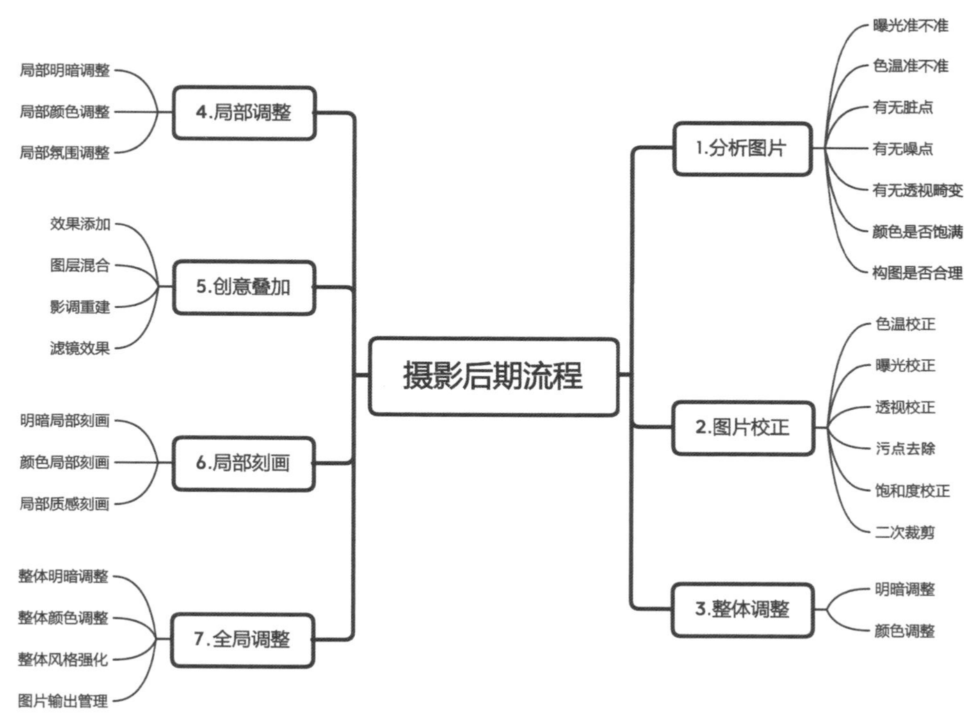


图 1-3-1　摄影后期流程图

第三，对图片局部的明暗对比、颜色关系进行再次调节，使图片局部的明暗和颜色分布更统一和谐。

第四，如果需要对图片进行合成、滤镜效果、影调重建等创意效果添加，需要到Photoshop中实现。创意效果添加完成后，再对图片的细节进行刻画和调整，避免添加进来的效果细节呈现不理想。

第五，进行全局调整。在后期处理的过程中，按照流程操作后，最终完成的效果可能并不一定达到理想的效果，比如在局部处理“度”的把握上没控制好，这通常会影响到整体的效果；又如长时间的后期操作容易造成审美疲劳，所以在最后的环节中需要对整体效果再次调整，使其整体视觉效果达到统一。

## 第四节　数码后期思路的建立

在与学员的交流中，我发现大家经常会遇到一个问题：有很多朋友在网上看了许多关于摄影后期制作的视频，部分朋友甚至参加了一些摄影后期制作的培训，当他们按照老师或者视频教学的案例进行操作时几乎可以顺利完成操作，没有遇到什么问题，然而一旦面对自己拍摄的图片时便无从下手、不知所措了。这个问题的根源在于，很多朋友在后期学习中过于关注技巧的运用、工具具体参数的设置等，却忽略了后期制作的思路。这就如同拍摄影像时，只关注用什么样的光圈和快门速度，但是对曝光的特点并不了解。在后期制作过程中，我们所面对的图片各式各样，所用的工具组合、操作步骤及具体参数都存在很大的差异，只是简单地记住一些固定的步骤和参数并没有太大的参考价值。只有对当前图片本身进行分析，然后根据分析结果去建立后期调整思路才是最有效和最正确的路径。

数码后期制作思路分为两个方向，一个是正向调整思路，另一个是创意性调整思路。正向思维的后期调整思路是：首先从图片的应用场景对图片进行定位，按照应用场景的要求和标准来确定后期调整的大致方向和执行程度。如果图片是用于新闻报道的，那么在后期调整的过程中对图片明暗和颜色的调整程度就要有一定限度，并且不能对图片进行像素移动或者替换。如果所使用的图片是用于宣传推广的，那么在后期调整过程中就应主要对图片的美感进行调整，使图片达到明暗过渡正常、颜色饱满的效果，最好不要使用过多的艺术化处理。

其次，从图片的整体呈现入手，分析图片在整体呈现上的优点和缺点，找出图片中需要突出的地方进行放大和强化，然后对有缺陷的地方进行弥补或者弱化。整体观察图片的主题是否突出，构图是否合理，整体明暗和颜色分布等是否协调，如果存在不合理的地方，在后期调整中要首先对这些问题进行修正。

再次，从图片的主体或者表现点入手，分析图片的主要视觉点是否突出，主要视觉点与画面其他元素之间的关系走向是否合理，画面中是否存在与主要视觉点或者主题无关的元素等。如果主要视觉点不突出是因为画面中的干扰元素而导致的，那么我们将其裁剪或者弱化即可；如果是因为明暗关系或者颜色关系导致的问题，那么我们就需要对明暗和颜色关系进行重新调整。

创意性后期调整思路的建立与正向的后期调整思路的建立差别较大，创意性后期调整思路既可以是有逻辑的思考，也可以是天马行空的想象，完全是个人化的，没有固定的标准或者套路可用。但是，创意性后期调整思路大致可以从以下几个方面入手。

（1）反相思路。从图片后期处理中的工具操作、效果呈现等方面进行反相呈现。在后期调整中，运用工具对其中的某个部分进行反相操作，使图片原本正常呈现的规律被打破。常用的反相思路有明暗反相、颜色反相、工具操作反相、图片角度反相等。图 1-4-1 是两幅对比图，一幅是原始图片，另一幅是做了明暗反相效果的图片，反相后，原图中的暗部区域变成亮部区域，亮部区域变成暗部区域，形成一种反差效果。由于只是单独进行明暗反相，没有做颜色反相，所以图片中颜色的色相和饱和度并没有产生太大的变化。

图 1-4-1　原图（左）与明暗反相效果图对比

（2）打破常规认知。外界事物的存在都有固定的规律，这些规律形成了我们日常的认知习惯，可以尝试在后期制作中对人们的这些常规认知习惯进行调整，这样也能让观者获得新的观看体验。常用的打破常规的思路有变形、改变透视、改变重力方向等方法，图 1-4-2 是运用变形的方式将地平线变形，打破原本地平线的常规存在形态，形成了新的呈现效果，给观者以耳目一新的视觉体验。

图 1-4-2　打破常规认知的摄影作品（作者：左倩如）

（3）从元素之间的关系入手。把握好元素之间的外在联系和内在联系，利用相似的外形进行嫁接或替换，以使图片的外形逻辑有联系，但是内容产生一种矛盾、荒诞或戏剧化的效果。此外，也可以运用元素之间的内在联系进行组合，使图片在内容上有一定的叙事逻辑，但形态上又毫无关联。这种运用形态关系的数码后期作品的效果往往会耐人寻味，更具有可读性和想象空间。图 1-4-3 是运用树和眼睛两个元素，通过将眼珠和树根的位置结合在一起，使结合后的图片既没有违和感，同时还能给观者带来更多的想象空间。

图 1-4-3 从元素关系入手的创意作品

（4）发散式联想。以图片中某个元素或者主题为切入点，围绕元素或者主题展开相关联想，将联想的内容进行提炼后加以组合。发散式联想不仅能重构画面，还能使画面元素存在相互联系。图 1-4-4 拍摄的是潮汐过后，沙滩上形成的像树一样的痕迹。这些“树”的形态和意境接近国画的表现效果，于是拍摄者就以树林展开联想，最终确定将船、渔民、飞鸟、牛为组合元素，将树林氛围和国画的意境表现出来。

图 1-4-4　由发散式联想制作而成的作品（作者：顾惠敏）

（5）借鉴绘画。借鉴绘画中的造型、用色、肌理等呈现效果，打开摄影后期调整的思路，使图片呈现出类似绘画的韵味。不同门类的绘画作品会有所差别，有写实风格的，也有写意风格的；有立体画法的，也有二维平面画法的。比如油画更注重立体画法，国画则多将事物平面化。在颜色的运用上，绘画的颜色运用更主观，而拍摄的图片颜色则相对真实。如果将绘画的特点借鉴到数码摄影的后期调整过程中，也可以使图片呈现出与众不同的效果。图 1-4-5 中的作品是在后期调整过程中，将国画的颜色和肌理特点融入画面，给画面赋予了国画的意象。

图 1-4-5　借鉴绘画创意而成的作品

数码后期调整思路的建立虽然有一些模式可以参考，但最终还是因人而异，依图而定。对软件使用熟练度不高的朋友来说，建议先做正向思路训练；对能够熟练运用软件工具，并且想尝试新思路的朋友来说，则可以适当做些创意性的后期调整思路训练。当然，后期调整思路也并非全靠瞬间灵感或者冥思苦想而得来，大部分是靠日常的图片阅读积累和总结，再结合对图片的理解，以及创作时的灵感，由此得到的才是符合作者后期调整思路的作品。

**【思考题】**

1. 请思考数码摄影后期和传统暗房的异同。
2. 数码摄影后期思路建立的路径是什么？

Chapter

# 第二章　RAW 图像画面校正

2

**【学习目标】**

1. 了解画面校正所包含的内容并熟练运用相应工具对画面进行校正。
2. 熟练运用裁剪技巧对画面进行二次构图。

我们在拍摄时一般都会采用 RAW 文件作为储存文件的格式，RAW 文件可以最大限度地记录相机拍摄时的原始数据，以便于在后期调整中对这些数据进行调整，并尽可能地减少图片成像质量的损失。在创作时，拍摄者受拍摄设备、环境和操作情况等因素的制约，所拍摄的影像难免会产生畸变、色差、暗角、过（欠）曝、构图不佳等诸多不理想的情况。解决这些问题的最佳方式就是通过数码后期调整对 RAW 文件进行还原和校正。画面校正主要是校正因设备和拍摄的限制造成的问题，以使画面更加接近人眼所见的真实画面，还原和优化影像的呈现效果。

本章将系统介绍在画面校正过程中对 RAW 文件的白平衡、曝光、饱和度、配置文件、透视变形校正和还原的工具的使用原理和技巧，并详细介绍对画面进行二次构图所使用的几种常用裁剪技法，从而帮助大家在画面校正环节获得比较理想的画面效果，为下一步操作环节打下较好的基础。由于各相机品牌的 RAW 文件和 RAW 的解码软件有所差异，为了方便后期软件的讲解和使用，本教材选用 Adobe Camera Raw13.0 版本作为操作演示软件，接下来逐一进行介绍。

# 第一节　白平衡校正

受光线种类和变化的影响，我们日常拍摄出来的图片难免会出现偏黄或者偏蓝的问题，这通常是因为拍摄对象的颜色没有得到真实还原。一般情况下，拍摄环境的光线种类越多，变化越复杂，色差出现的频率就越高。这种问题是白平衡设置不准确导致的，在后期处理过程中，我们需要对画面的白平衡进行校准，才能将拍摄对象的颜色准确还原。

Camera Raw 中有 3 种白平衡校正方式：

第一种方式是运用 Camera Raw“基本”调整界面中的“白平衡”选项，通过选择“白平衡”下拉菜单中的“自动”“日光”“阴天”“阴影”“白炽灯”等相机白平衡预设来实现对图片白平衡的校正，如图 2-1-1 所示。

在实际操作中，这些相机白平衡预设虽然能起到一定的调整作用，但并不能适用于所有场景。经过预设校正完的效果与真实颜色可能依然存在偏差，图片颜色难以得到精准还原，如图 2-1-2 所示。

图 2-1-2 是原片运用“自动”“日光”“阴天”“阴影”“白炽灯”“荧光灯”“闪光灯”几种相机白平衡预设的对比效果，虽然白平衡校正后都有了变化，但是效果并不理想。

第二种方式是通过调整“色温”和“色调”两个调整控件来定义白平衡，以此来使图片获得令人比较满意的色彩还原。“色温”调整控件主要用来校正光线色温，拍

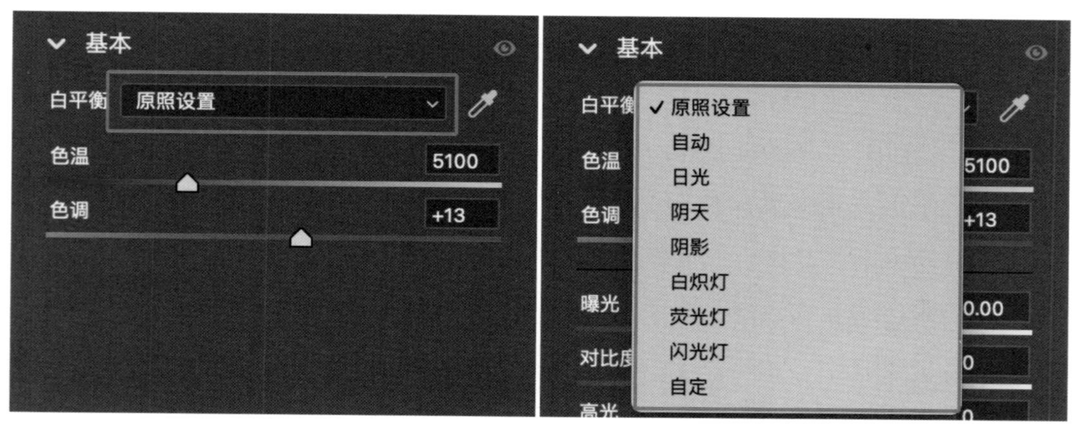


图 2-1-1　白平衡校正菜单

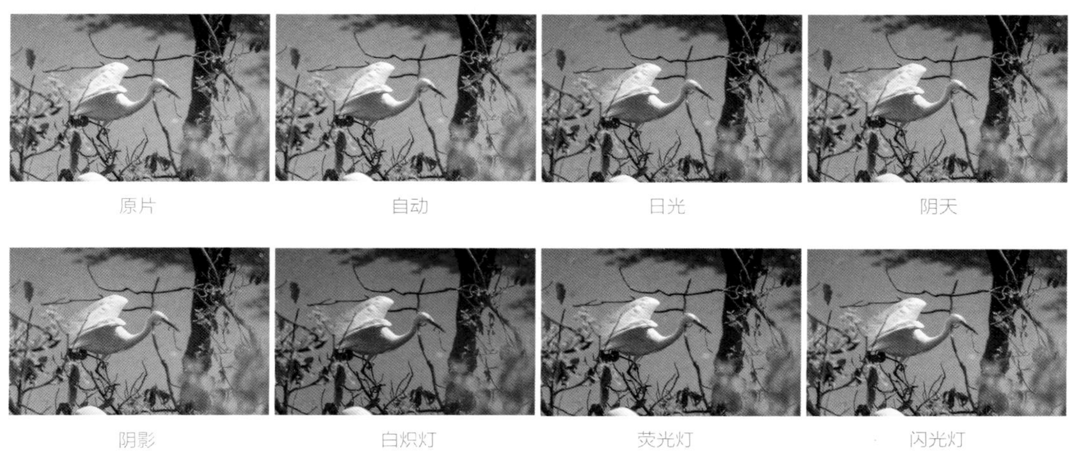


图 2-1-2　相机白平衡预设中不同选项所得图片效果（原图拍摄者：陈娟）

摄时如果光线色温较低，图片偏黄，可将“色温”调整滑块向左拖拽，以蓝色来进行补偿。相反，拍摄时如果光线色温较高，图片偏蓝，则将“色温”调整滑块向右拖拽，以黄色进行补偿即可。“色调”调整控件主要是给图片补偿绿色或者品红色。将“色调”调整滑块向左拖拽，图片颜色会向绿色偏移；将调整滑块向右拖拽，图片颜色向品红色偏移。白平衡是由“色温”和“色调”两个因素决定的，单独对“色温”和“色调”调整很难对白平衡进行准确校正。操作时可以先运用相机白平衡预设获取接近的校正效果，再运用“色温”和“色调”两个调整控件进行微调。

在 Camera Raw 中打开不同格式的文件时，“色温”和“色调”调整控件的可调范围和单位也不一样。当打开的文件是 Raw 文件时，“色温”和“色调”两个选项提供的是拍摄时的“色温”“色调”数值，“色温”调整控件的调整范围为 2000—50000K（开尔文），“色调”调整的最大值为 +150，最小值为 -150。如果打开的图片格式是 TIFF 或 JPEG，则会与此不同。由于这两种格式的图片不记录拍摄时候的色温、色调数据，所以 Camera Raw 所提供的“色温”和“色调”调整范围是模拟数值，其最大值为 +100，最小值为 -100，默认值为 0。如图 2-1-3 所示。

图 2-1-3 中，左侧图是在 Camera Raw 中打开 RAW 文件时，“色温”“色调”显示拍摄时相机设置的色温、色调的数值；右侧图是用 Camera Raw 打开 JPEG 文件时，

"色温""色调"模拟不同的色温或白平衡的数值。由于 JPEG 文件不记录拍摄时的色温值，所以图片中显示的默认值为 0。

不管是通过相机白平衡预设调整，还是运用"色温"和"色调"定义白平衡，都能对白平衡进行有效的校正，但是这两种校正方式缺少参考标准。在操作上，个人的视觉判断决定了色彩的还原程度，因此，通过这一步骤还原的颜色也不会完全一样，多少会有些许偏差。

第三种方式是运用"白平衡工具"吸管（快捷键 I）来校正白平衡。"白平衡工具"是运用吸管吸取图片中因色温不准而产生偏色的中性色，使这些中性色得到准确还原。如果拍摄时准备了色卡，在后期调整时则可直接运用"白平衡工具"吸取灰卡中的中性色，"白平衡工具"会自动将偏色的中性色校正为无色状态，如图 2-1-4 所示。

图 2-1-4 中，左侧图片是原图，右侧图片为白平衡校正后的效果图。我们可以从原图中看出，受光线的影响，图片白平衡不准确，整体偏黄。后期调整中，我们只需要用"白平衡工具"吸取灰卡，图片的白平衡就得到了准确的还原。如果使用吸管工具吸取灰卡位置，灰卡的 R、G、B 3 个数值相等，则中性灰没有任何的颜色偏差，画面颜色得到了准确还原。

当然，除了专业拍摄时需要用到灰卡之外，一般的拍摄是不会使用灰卡进行创作的。但是按照"白平衡工具"的工作原理，在后期白平衡校正中运用"白平衡工具"在图片中吸取类似灰卡中的灰色或者接近白色的区域，也能获得同样的效果。如果对灰色或者接近白色的区域的选择没有把握，可以用吸管在画面中移动，通过直方图所显示的 RGB 数值（R、G、B 3 个数值接近即可）来判断并取得同样的效果，也可以吸取图片中接近白色的高光区域来实现对白平衡的准确校正，如图 2-1-5 所示。

图 2-1-5 显示的是在拍摄时将灰卡拿掉，然后在后期调整中运用"白平衡工具"吸取接近白色区域或者 R、G、B 3 个数值接近的区域即可将图片的白平衡校正。图片中白墙的亮部区域比较接近白色，当鼠标移动到该位置时，直方图上的 R、G、B 数值分别为 253、251、248，3 个数值比较接近，然后点击即可完成白平衡校正。校正完成后的"色温"值为 4550K，"色调"值为 17，与带灰卡校正的数值非常接近。

图 2-1-3 色温、色调调整控件

图 2-1-4 使用“白平衡工具”调整图片前后对比

图 2-1-5 使用不同方式校正白平衡

## 第二节　曝光校正

在日常拍摄或者创作时，受拍摄时间、场地、光线、后期制作需求等限制，拍摄出来的图片在曝光上或多或少会有所偏差。有时会出现曝光不足的现象，有时会有曝光过度或曝光偏灰等情况。这些都会导致图片的暗部或者亮部区域细节丢失，明暗层次分布不丰富，所以在后期处理中需要对曝光进行校正补偿，这样才可获得曝光正常、层次丰富的图片。

在 Camera Raw 的“基本”调整界面中，与调整曝光有关的工具从上到下分别为“曝光”“高光”“阴影”“白色”“黑色”5 个调整控件。“曝光”调整控件主要通过增加或者减少图片中间调的曝光数值，达到对图片整体曝光的校正。“曝光”调整控件的最大值为 +5.00，最小值为 -5.00。当曝光数值调整为 +1.00 时，就相当于加大 1 挡光圈值，反之，则相当于减小 1 挡光圈值。

“高光”和“阴影”调整控件主要是用来控制图片中偏亮或者偏暗的区域。“高光”调整控件主要是控制图片中亮部区域的明暗变化，其调整的最大值为 +100，最小值为 -100。当拖移调整滑块向右移动时，数值会变大，图片中的亮部区域也随之被提亮；当拖移调整滑块向左移动时，数值会变小，图片中的亮部区域也随之变暗。“阴影”调整滑块主要是控制图片中暗部区域的明暗变化，其最大值为 +100，最小值为 -100。当拖移调整滑块向右移动时，数值会变大，图片中的暗部区域也随之被提亮；当拖移调整滑块向左移动时，数值会变小，图片中的暗部区域也随之变暗。这两个调整控件不论是被调到最大值还是最小值，都不会导致图片的高光区域和阴影区域产生曝光溢出。

“白色”和“黑色”调整控件主要是用来调整图片中最亮区域和最暗区域的明暗变化。“白色”调整控件主要是控制图片中最亮区域的明暗变化，其调整的最大值为 +100，最小值为 -100。当拖移调整滑块向右移动时，图片中的最亮区域也随之被提亮。在拖移调整滑块向右移动时，应注意观察直方图右侧像素信息分布状态，避免图片产生高光溢出而导致图片亮部细节丢失的问题。当拖移调整滑块向左移动时，图片中的最亮区域也随之变暗。“黑色”调整控件主要是用于调整图片中最暗区域的明暗变化，其调整最大值为 +100，最小值为 -100。当拖移调整滑块向右移动时，图片中的最暗区域会被提亮，向左拖移时，图片中的最暗区域也随之变暗。在向左拖移调整滑块时，要注意观察直方图左侧像素信息的分布状态，避免图片的暗部溢出，细节丢失。

在实际操作中，一般先用“曝光”调整控件对图片的整体亮度进行调整，然后再通过“高光”“阴影”“白色”“黑色”4个调整控件对图片的局部区域进行微调，让图片中的明暗信息分布在直方图中处于合适的位置。

在后期校正过程中，我们需要借助直方图来作为参考工具。通过直方图，我们不仅可以了解图片像素信息的分布状况，还可以确定操作工具执行的力度。在 Camera Raw 中，直方图位于工作界面的右上角，用波形图的宽度和高度来表示图片中像素的亮度级别和分布数量。Camera Raw 中的直方图是由红、绿、蓝 3 种颜色通道组成的颜色直方图。白色波形图表示 3 个通道都重叠的区域，黄色、品红色、青色表示 3 个颜色通道中有两个颜色通道重叠的区域。黄色表示红色通道和绿色重叠，品红色表示红色通道和蓝色通道重叠，青色表示绿色通道和蓝色通道重叠。

直方图最左侧的亮度值为 0，代表画面中最暗的区域为黑色，直方图最右侧的亮度值为 255，代表画面中最亮的区域为白色。当鼠标在直方图中从左到右移动时，直方图将依次显示黑色、阴影、曝光、高光、白色，与“基本”选项卡中的“黑色”“阴影”“曝光”“高光”“白色”5 个调整控件相对应。操作时既可以调整“曝光”“高光”“阴影”“白色”“黑色”5 个控件的参数，也可以在直方图中按住鼠标左键，通过左右拖动进行调整，如图 2-2-1 所示。

为了便于观察高光和阴影溢出，在直方图的左上角和右上角分别设置了“阴影修剪警告”和“高光修剪警告”。当高光修剪警告为白色时，表示 3 个通道中的高光区域都有信息溢出，当阴影修剪警告为白色时，表示 3 个通道中的暗部区域都有信息溢出。当单个通道或者两个通道有溢出时，会显示红色、绿色、蓝色或者青色、品红色、黄色。操作中少量的色阶溢出并

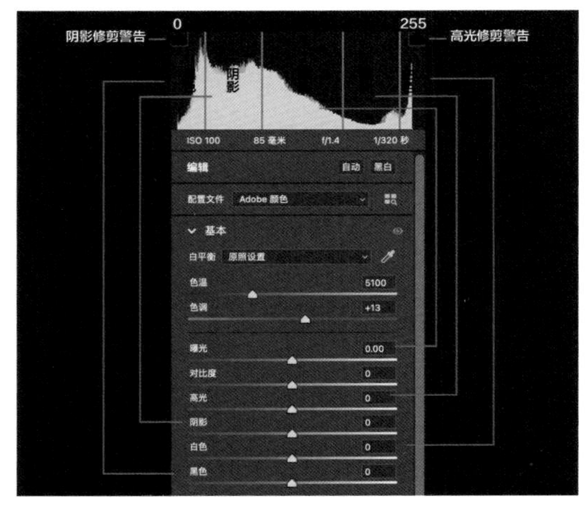


图 2-2-1　直方图界面信息

不会对图片质量产生大的影响，但我们需要注意那些导致图片中高光和阴影细节有明显丢失的色阶溢出。

接下来，我们用案例来演示在曝光校正环节中“曝光”“高光”“阴影”“白色”“黑色”及直方图之间的搭配使用。

在 Camera Raw 中打开的这张图片（图 2-2-2）由于操作上的失误，造成曝光严重不足，从直方图中可以看到波形图主要分布在直方图的左侧，直方图的右侧没有信息分布。虽然图片曝光严重不足，但是在“阴影修剪警告”处并没有暗部信息有严重溢出的提示，即表示此图片虽然曝光不足，但是暗部仍然有信息分布，并没有因为曝光不足而造成暗部死黑、失去细节的情况。这种情况是可以通过曝光校正将暗部细节调整回来的。

先运用“曝光”调整滑块对图片进行整体提亮，这里直接将数值调整为 +5（图 2-2-3）。当数值调整到 +5 时，直方图的主要波形图分布集中在中间区域，同时保证高光区域和暗部区域都有微量的信息分布。虽然图片整体被提亮，但是中间调的对比反差较弱，立体感不强，画面整体偏灰。

将“高光”和“阴影”调整滑块向左拖拽，将“高光”调整滑块拖拽至 -25，将“阴影”

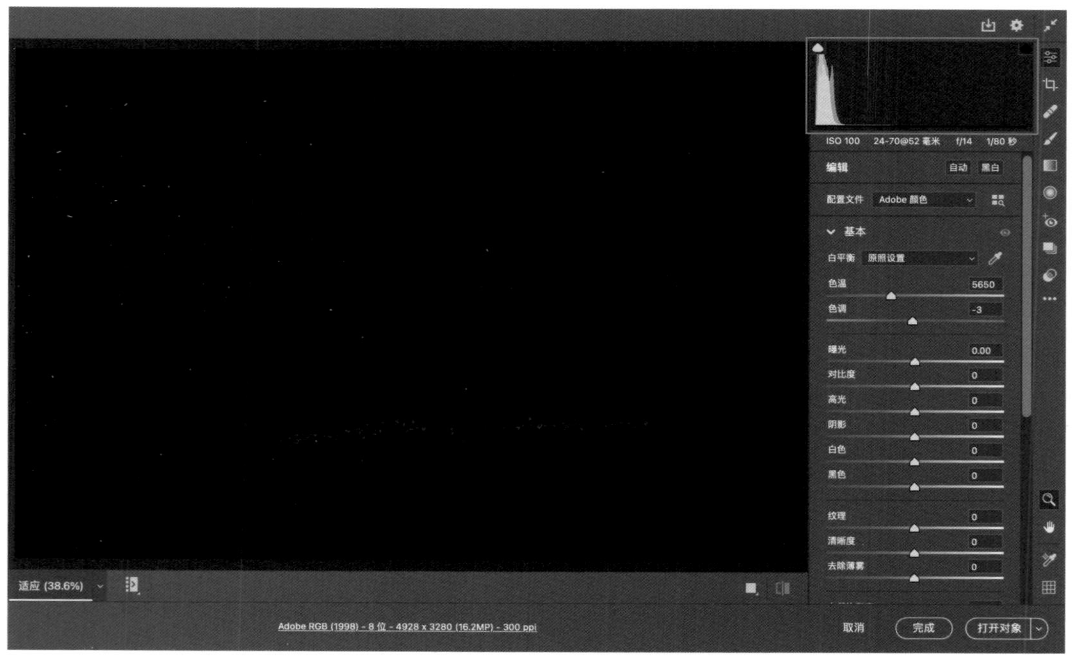


图 2-2-2　严重曝光不足图片的直方图信息

图 2-2-3　调整后图片被整体提亮

图 2-2-4　调整后增加了图片的层次感

调整滑块拖拽至 -100（图 2-2-4）。这样，图片中偏暗区域的颜色就被压暗了，偏灰的问题得以改善。

大幅度地增加“曝光”可以将图片曝光调回正常状态，但是会导致暗部的信息分布减少，画面中的暗部偏灰，因此需要运用“黑色”和“白色”调整滑块对图片中的黑场和白场进行调整。在做细微调整时，如果对直方图调整参数没有把握，可以按住 Alt（Windows）或 Option（Mac OS）并拖动“高光”“阴影”“白色”“黑色”任意滑块，以查看要调整区域的明暗程度，黑色区域代表纯黑色，白色区域代表白色。在图 2-2-5 中，我按住 Option（Mac OS），将“黑色”调整成为 -81，这样，图片中就有了少部分的黑色区域分布，图片的黑场就被重新定义完成了。

上面案例中的调整参数值的参考价值不大，主要是通过直方图的像素信息分布对图片进行观察和调整，如果直方图中的右侧出现信息断层，则说明图片的高光区域过曝，如果直方图中的左侧出现信息断层，则说明图片的暗部区域出现了细节丢失，这可能是由于欠曝造成的，也可能是过曝导致的。如果直方图的波形图的波峰和波谷呈现较大变化，则说明画面的明暗对比较为强烈；如果直方图的波形图的波峰和波谷呈现比较平稳缓和的变化，则说明画面的明暗对比较弱；如果直方图的两端都有信息，但是都没有溢出现象，就说明这是一张标准曝光的图片，既保证了画面曝光的正常，又能使暗部和亮部都有细节。

图 2-2-5 拖动“黑色”调整滑块查看画面黑色区域

# 第三节　饱和度校正

颜色的饱和度是指颜色的强度或者纯度，饱和度越高，颜色就越浓艳；饱和度越低，颜色就越偏向暗淡。在平常的交流中，我经常被问到这样的问题：“为什么相机所拍摄的图片与我们眼睛看到的真实景色的色彩相比会偏灰、欠鲜艳？”其实除了人眼的色彩宽容度比相机更广之外，图片颜色发灰还有很多其他的原因，比如曝光不准、光线不足、光比低、使用 RAW 文件存储等。这些因素都会造成拍出来的图片颜色显得沉闷、不鲜亮。通过后期调整，我们可以对颜色的饱和度进行校正和补偿，将颜色调整到比较适中的状态。

在 Camera Raw 的“基本”调整界面中，“自然饱和度”和“饱和度”两个调整控件是关于颜色饱和度的调整。“自然饱和度”调整控件主要是通过增加图片中低饱和度区域的饱和度来实现图片饱和度的增加，对于低饱和度颜色的影响较大，对于高饱和度颜色的影响较小，对蓝色和青色比较敏感。其调整控件的最小值为 -100，最大值为 +100，默认值为 0。将调整滑块向右拖移，可以将欠饱和的颜色提升至接近最大饱和度，同时最大限度地减少对高饱

图 2-3-1　“自然饱和度”调整滑块调至最小值时图片所呈现的效果

和度颜色的影响，避免将高饱和度颜色调整为超高饱和度而产生饱和度溢出，从而损失颜色层次；将调整滑块向左拖移，可以降低色彩的饱和度，但是即便数值调整为 -100 时，也不能完全将图片变成黑白图片，如图 2-3-1 所示。“自然饱和度”调整控件不仅可以很好地控制颜色的饱和度，还可以很好地做到颜色之间的自然过渡。

“饱和度”调整控件主要是用于均匀调整图片中颜色的饱和度。其默认值为 0，最小值为 -100，最大值为 +100。当饱和度的数值为 -100 时，图片会被调整成黑白效果，如图 2-3-2 所示。当此数值为 +100 时，饱和度会成倍增加。如果“饱和度”的数值较高，容易因色彩过度饱和而引起图片失真。在实际操作中，一般优先使用“自然饱和度”调整，它既可以保护已经饱和的像素，同时还可以大幅度地增加颜色不饱和像素的饱和度，避免高饱和度像素颜色过度饱和而造成图片失真。

在图 2-3-3 中，左上图为原图，右上图为“自然饱和度”数值 +100 的效果图，最大的图片为“饱和度”数值 +100 的效果图。从对比效果图中可以看出，在原图中，与远处草地的颜色相比，近处的饱和度更高，远处的湖面饱和度较低，颜色偏灰，不够饱满。当“自然饱和度”数值调为 +100 时，图中的湖面和远处草地颜色的饱和度得到明显提升，同时近处草地和藏驴的颜色饱和度也得到适当提升，整幅画面颜色的饱和度

图 2-3-2　“饱和度”调整滑块调至最小值时图片所呈现的效果

过渡得比较自然和谐。当“饱和度”数值增加到 +100 时，图片中的颜色饱和度整体得到了提升，图片中原本颜色饱和度偏高的草地和藏驴的饱和度变得更高，导致颜色细节过渡缺失，图片颜色看起来有点失真，不耐看。

原 图

自然饱和度为 100

饱和度为 100

图 2-3-3　不同饱和度值的图片效果对比（原图拍摄者：莫萍）

## 第四节　配置文件校正

由于镜头构造和组装工艺的偏差，拍摄出来的图片难免会产生透视畸变、紫边、绿边、镜头晕影等缺陷，导致图片呈现不自然。在后期调整中，我们可以运用“配置文件校正”工具对此缺陷进行有效修正。“配置文件校正”是 Adobe 工程师根据镜头采集的数据运用“配置文件校正”对镜头产生的畸变、暗角、色差进行校正的工具。

在 Camera Raw 中，“光学”调整选项是专门用于配置文件校正的，“光学”调整界面由“删除色差”“使用配置文件校正”“去边”三个调整选项组成，如图 2-4-1 所示。当“删除色差”和“使用配置文件校正”被勾选时，调整工具会根据相机和镜头的 Exif 元数据自动识别图片中产生的紫边、绿边、晕影、畸变情况，并相应地进行补偿和校正。自动的校正方式难免会出现校正效果不佳的情况，比如对畸变和晕影的校正不彻底，对色差的删除不干净等。这时可以结合“扭曲度”“晕影”和“去边”这 3 个工具进行手动的细致化校正。如果没有能自动匹配配置文件，可以选择“手动”模式对文件进行手动校正。

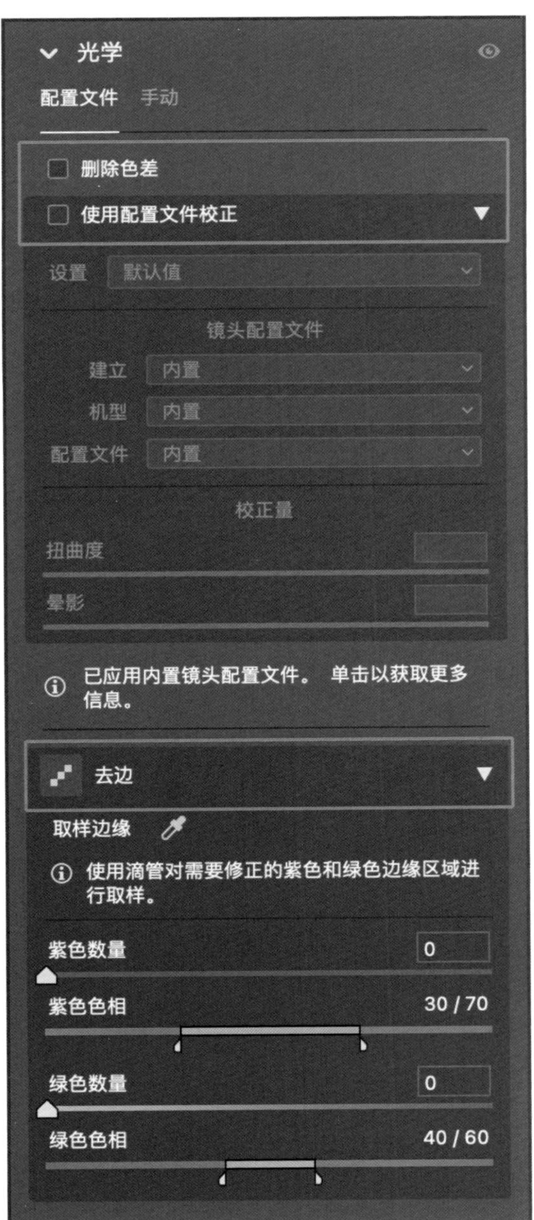


图 2-4-1　“光学”调整选项校正界面

接下来，我们用一个案例来演示运用“删除色差”和“去边”两个调整选项对色差进行校正。

图 2-4-2 拍摄的是身穿苗族服饰的人物写真，从右侧放大图中可以清楚地看到银饰区域产生了大量的紫边，严重影响画面的美感。我们可以通过 Camera Raw 中的“配置文件校正”来对这部分色差进行校正。

在 Camera Raw 中打开此图片的 RAW 文件，并将“光学”选项中的“删除色差”复选框勾选，如图 2-4-3，Camera Raw 会捕获到相机和镜头的 Exif 元数据，并根据相机和镜头的 Exif 元数据自动识别图片中的紫边和绿边，并相应地进行补偿和校正。

图片在运用“删除色差”自动调整后，紫边现象得到改善的效果并不明显，依然有大量的紫边存在于银饰区域，如图 2-4-4 所示。这时候我们还可以借助“去边”调整选项，手动调整“紫色数量”“紫色色相”“绿色数量”“绿色色相”来消除色差。

“紫色数量”和“绿色数量”调整控件主要控制的是去除色边的强度，调整范围为 0—20，数值越大，去除的色边越明显。“紫色色相”和“绿色色相”调整控件主要是调整受影响的紫色和绿色的色相范围，调整范围为 0—100。因为紫边和绿边不易被察觉，在操作时建议将图片以 100% 比例显示，以便于观察和操作。

将调控界面上的“紫色数量”调整滑块的数值调整为 11（图 2-4-5），“绿色数量”调整滑块的数值调整为 6，图片中的紫边和绿边就被消除了。在运用手动模式消除色边时，应注意数量和色相范围的控制，避免因为数量过大或色相范围过广而导致其他颜色掉色。

如果对色相和数量控制没有把握，或者想更精细地选择和控制颜色边缘，可以运用“取样边缘”吸管工具对颜色边缘进

图 2-4-2　人物写真样片及其局部放大图片

图 2-4-3　使用“删除色差”调整控件对图片校正

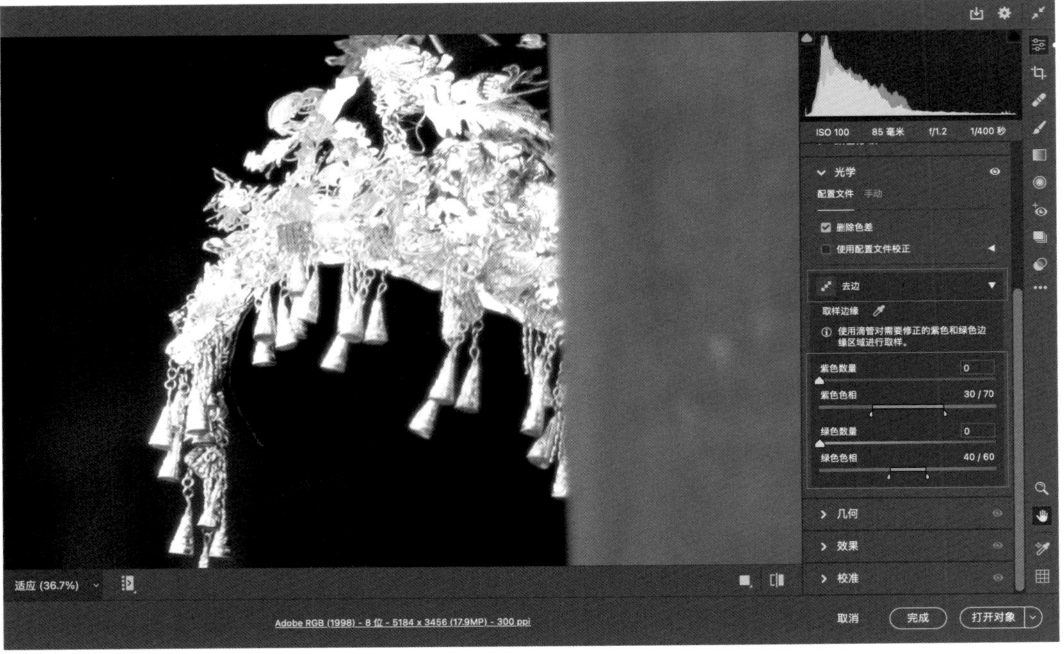


图 2-4-4　利用“删除色差”自动调整后的图片局部

行颜色取样（图2-4-6），“紫色色相”和“绿色色相”调整滑块会随之做出相应的调整。一般状态下，紫边和绿边会同时存在于图片中，在操作中先吸取较明显的颜色边缘，然后再吸取其他颜色的边缘。

如果对消除色边效果观察不佳，还可以按住 Alt（Windows）或 Option（Mac OS）键，同时拖动“紫色数量”或“绿色数量”调整滑块，以帮助查看边缘颜色的变化情况（图 2-4-7、图 2-4-8）。

镜头在拍摄中除了会产生色边外，不同焦段的镜头在拍摄时还会产生畸变、暗角等，广角镜头的畸变最为明显。在“光学”选项卡中勾选“使用配置文件校正”，可以根据拍摄时不同镜头的光圈和焦距的数据，对镜头产生的畸变、晕影进行校正。

图 2-4-9 是使用佳能 EF 8—15mm 镜头拍摄的画面，广角拍摄使得场景得到比较充分的展现，但是画面形成了明显的桶形扭曲，四周也出现明显的暗角。遇到此种情况时，我们可以用“使用配置文件校正”工具对其进行畸变校正，步骤如下。

在 Camera Raw 中打开此 RAW 文件，并将“光学”选项中的“使用配置文件校正”复选框勾选（图 2-4-10）。“使用配置文件校正”会自动捕获相机和镜头的拍摄数据，侦测出此图片是用佳能 8—15mm 镜头所拍，并自动根据配置文件进行相应的补偿，图片的畸变和暗角就得到了有效的校正。如果校正后没有达到理想的效果，我们还可以通过手动调整“扭曲度”和“晕影”滑块再次对畸变和暗角进行补偿调整。

镜头自动校正效果虽然很不错，但在图 2-4-10 中的校正还是没有达到理想的效果，画面中还是有一点点变形。同时，暗角效果被弱化后，画面四周变亮，使得视觉中心点被分散，所以我们可以将“扭曲度”调整滑块调整至 110，“晕影”调整滑块调成 0，保留暗角效果，见图 2-4-11。

进行上述调整操作对图片畸变进行校正后，虽然画面内容有所损失，但是整体的视觉效果要更稳重和自然，见图 2-4-12。

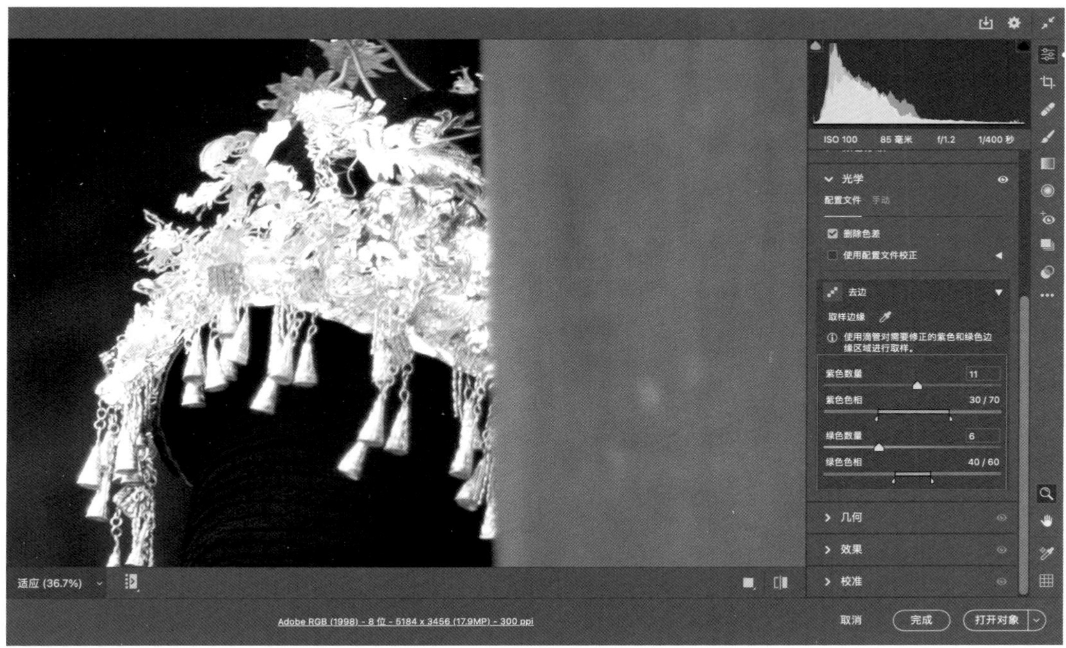


图 2-4-5　通过手动调整色差后的图片局部

2-4-6　使用“取样边缘”吸管工具对图案边缘色差调整

图 2-4-7　采用“键盘 + 拖移滑块”的方法调整较不明显色边

2-4-8　原图（左）和去边后的效果对比

图 2-4-9 使用广角镜头拍摄的画面（拍摄者：段志先）

图 2-4-10 使用“配置文件校正”后的图片

图 2-4-11　对画面再进行“扭曲度”和“晕影”调整

图 2-4-12　畸变图片调整前后对比

# 第五节　透视变形校正

使用配置文件校正工具虽然能将镜头产生的变形校正过来，但是不能解决拍摄时因镜头使用不正确或者拍摄角度引起的透视变形或倾斜，尤其是图片中包含建筑、线条和几何图形时，透视变形或倾斜问题会更明显，如图 2-5-1 所示。

图 2-5-1 画面中的佛像非常高大，如果要将佛像拍全，只能采用仰视的拍摄角度，因此图片便产生了透视变形，佛像背后的建筑形成了下大上小的透视倾斜。

要解决这些因为拍摄角度而产生的透视问题，可以运用调整控制界面中的“几何”选项来实现校正和调整。“几何”选项界面分别由“Upright”“限制裁切”和“手动切换”组成。“Upright”模式是一种自动调整模式，从左到右依次为“关闭”“自动”“水平”“纵向”“完全”和“通过使用参考线”6 个调整命令。默认情况下，

图 2-5-1 建筑物透视变形画面

是禁用“Upright”或者取消其他调整透视模式的。“自动”命令是工具自动应用一组平衡的参考线进行透视校正。“水平”命令是工具自动选取水平线作为参考线进行水平透视校正，以确保画面处于水平位置。“纵向”命令是工具自动选取垂直线作为参考线进行纵向透视校正，以确保画面纵向透视不产生倾斜。“完全”命令即工具会自动选取水平线和垂直线作为参考线对图片的横向和纵向透视进行校正。“通过使用参考线”命令是手动在图片上绘制横向和纵向的参考线，该工具则会以绘制的参考线为参考，对图片的横向和纵向透视进行校正。该工具可以允许绘制最少 2 条、最多 4 条参考线，如图 2-5-2 所示。

图 2-5-2 “几何”选项控制界面

除了运用“Upright”选项自动调整模式之外，还可以通过“手动转换”选项对图片的透视进行手动调整。在“手动转换”选项中，从上到下依次为“垂直”“水平”“旋转”“长宽比”“缩放”“横向补正”“纵向补正”7 个调整控件。“垂直”调整控件主要是校正上下倾斜所产生的透视变形，其默认值为 0，最小值为 -100，最大值为 100。当拖拽“垂直”滑块向左移动时，数值会变小，图片下半部分区域会向画面内侧收缩，上半部分区域会向画面外部扩张，反之则相反，如图 2-5-3 所示。

“水平”调整控件用于校正左右倾斜产生的透视变形，使斜线变成水平直线，其默认值为 0，最小值为 -100，最大值为 100。当拖拽“水平”调整滑块向左移动时，数值会变小，画面的右侧区域会向左侧收缩，画面的左侧区域会向画面外扩张，反之则相反，如图 2-5-4 所示。

“旋转”调整控件主要是校正拍摄时因水平调整不当而产生的图片倾斜，从而使图片恢复水平的状态，其默认值为 0，

图 2-5-3　使用“手动转换”中“垂直”调整控件调整画面

图 2-5-4 使用“手动转换”中“水平”调整控件调整画面

最小值为 -10，最大值为 10。当拖拽“旋转”调整滑块向左移动时，数值会变小，图片会做逆时针旋转；当拖拽调整滑块向右移动时，数值会变大，图片会做顺时针旋转，如图 2-5-5 所示。

图 2-5-5 中的上图为原图，下图为校正后的效果图。此幅作品是在行驶的汽车中打开车窗拍摄的，由于拍摄仓促，来不及调整画面的水平状态，导致地平线倾斜。在后期调整时，我们可以运用“旋转”工具将地平线调至水平。在调整“旋转”滑块时，可以运用图片预览框中的网格线作为参考。

“长宽比”调整控件主要是调整图片的水平或者垂直缩放比例，有助于消除透视校正产生的空白区域，显示超过裁剪边界的图片区域。如果运用不当，图片容易产生比例失衡。

“缩放”调整控件主要是以原比例对图片进行缩放比例调整，它可以辅助查看超过裁剪边界的图片内容，或消除因校正透视变形产生的空白区域。其默认值为 100，最小值为 50，最大值为 150，当拖拽“缩放”滑块向左移动时，画面比例会缩小，反之则相反，如图 2-5-6 所示。

图 2-5-6 中上图是用“自动”校正模式校正的效果，画面透视变形虽然得到了校正，但校正后产生的空白区域被自动裁剪，默认的裁剪不仅会把部分内容裁剪掉，还对图片的像素进行了删减，不仅影响了图片的呈现效果，而且图片在后期二次裁剪中也会受到一些限制。图 2-5-6 中，下图是运用“缩放”调整控件将图片缩放成全部显示的效果，完整的内容呈现可以给后期的二次裁剪留有更大的空间。

“横向补正”和“纵向补正”调整控件主要是将图片向左、向右，或者向上、向下移动，对图片进行横向和纵横校正，显示超过裁剪边界的图片区域。其默认值为 0，最大值为 +100，最小值为 -100。

图 2-5-5 使用“手动转换”中“旋转”调整控件调整后的效果对比

图 2-5-6 “自动”校正模式的调整效果和“手动转换”模式中使用“缩放”调整控件效果的对比

# 第六节 二次构图

## 一、二次构图的定义

二次构图是指将拍摄完成的图片通过裁剪的方式重新对图片内容进行删减与组合，使图片在美感、叙事、立意上达到作者的意图。构图原本是前期拍摄应该解决的问题，但是在前期拍摄时，受时间、场地、拍摄位置、焦距等方面的限制，在拍摄的瞬间，拍摄者往往来不及将各种拍摄要素考虑周全，在图片构图上很难做到严谨，因此需要在后期利用裁剪工具进行裁剪，即对图片进行二次构图，令图片的呈现更加完美。

## 二、二次构图工具的应用

在 Camera Raw 中，实现二次构图的工具为“裁剪”与“旋转和翻转”（快捷键 C）。在这一调整界面中，“裁剪”调整大项下分别由“长宽比”和“角度”两个调整选项组成（如图 2-6-1 所示）。“长宽比”调整选项从左至右依次为“调换长宽比”和“限制纵横比”两个调整工具。在“长宽比”下拉菜单中设置有常用的图片裁剪比例预设，分别为：原照设置、原稿、自定、1 × 1、4 × 5/8 × 10 等固定的裁剪比例。由此，我们既可以通过选择预设裁剪比例进行裁剪，也可以选择“自定”的方式进行自由裁剪。如果需要取消裁剪操作，可以按键盘上的 ESC 键，或者点击“复位裁剪”按钮。当裁剪区域调整完成后，双击图片预览框或者按 Enter 键进行确定，裁剪步骤即可完成。

“调换长宽比”主要是调整裁剪框的纵向和横向比例置换（快捷键 X）。若要将一幅横构图的图片裁剪成适合在手机上浏览的竖构图画面，可以先选择 16∶9 的裁剪比例，再运用“调换长宽比”按钮调换长、宽比进行裁剪，16∶9 的竖裁剪方式可以使图片在手机上获得最大的显示效果。

“限制纵横比”主要是锁定已经设置好的裁剪比例，其快捷键为 Alt+A（Windows）或 Option+A（Mac OS）。当“限制纵横比”的小锁按钮处于锁定状态时，只能使用已设置好的比例对裁剪框进行等比调整；当“限制纵横比”的小锁按钮处于打开状态时，即表示可以对剪框进行自由调整。

“角度”调整控件的主要作用是调整图片的水平角度，与调整透视工具中的“旋转”类似。其调整最小值为 -45，最大值为 +45，默认值为 0。当拖拽“角度”滑块向左移动时，数值会变小，图片会以逆时针旋转进行调整，反之则相反。如果图片中有明显的地平线或者横向参考线，则可以选择“水平拉直”工具对图片进行水平调整（快捷键 A）。选择“水平拉直”工具后，可以在图片预览框中按住鼠标左键绘制任意角度的参考线，工具会根据参考线进行水平调整，也可以双击“水平拉直”工具来自动调整图片水平。

“旋转和翻转”调整选项主要是调整图片旋转角度和内容翻转。“旋转和翻转”调整选项由逆时针旋转、顺时针旋转、水平翻转和垂直翻转组成。有时通过调整图片的角度甚至使其中的内容翻转，我们可以获得更加新颖的视觉效果。

在裁剪比例的选择上，我们需要根据图片的呈现方式和内容进行设置。如果图片以单幅的形式呈现，那么我们可以自由地选择合适的画面比例进行裁剪；如果图片是以组照的形式呈现，建议选择同一个尺寸比例来进行裁剪，以避免图片最后整体呈现时出现画幅不统一的情况。

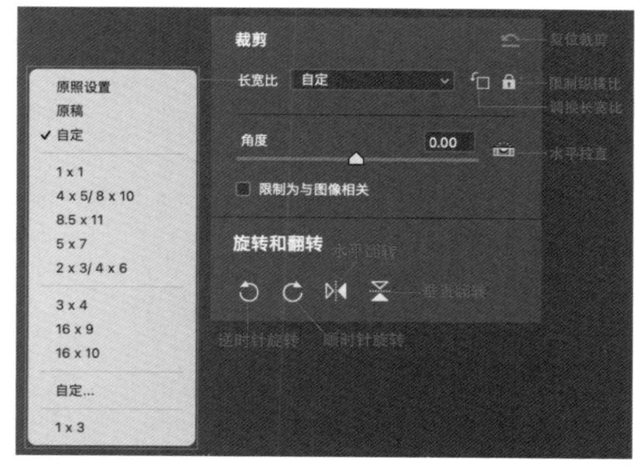


图 2-6-1 “裁剪”与“旋转和翻转”调整界面

## 三、二次构图技巧

二次构图的过程其实就是对构图加强训练和思考的过程，在这一过程中，首先对图片现有内容进行分析，然后再对内容中多余的元素进行删减，再对产生有效关系的元素进行组合，使图片原本的主题立意更突出，构图更均衡，元素关系更紧密。在后期调整中，优秀的二次构图基本上可以完成后期调整过程中的大部分工作，好的二次构图可以使一张不理想的图片变废为宝，改变图片原本的定位和走向。

一些前期拍摄基本功不扎实的朋友在面对后期二次构图时会感到迷惘和不知所措，找不到调整的切入点。因为二次构图和前期拍摄构图的思考方式和切入点基本一致，如果前期在拍摄条件比较理想的状态下，对构图把握不佳，那在后期的二次构图也会面临这些问题。

二次构图大致可以从以下 3 个方面来思考。

（1）对现有的图片内容进行分析，分析图片内容的突出点和缺陷，以使整个后期过程有一个大致的裁剪方向和思路。然后再确定画面的主体、主题或者视觉中心点，分析它们在画面中的呈现是否突出，构成主题的元素及视觉点的分布情况是否合理。如果主体和主题不突出，就要对不突出的原因进行细分——是因为景别过大、画面干扰元素过多而导致的，还是因为明暗或颜色分布的影响所造成的？而后，再通过二次构图将干扰画面的元素、明暗和颜色分布不当之处裁剪掉，主体或主题不突出的问题便可得到解决，如图 2-6-2 所示。

图 2-6-2 是原图与裁剪后的效果对比。从左侧的原图中可以看出，作者主要想表现的是渔民与湖面形成的场景氛围和美感，船和渔民在画面中只是起到了点缀的作用，同时渔民与湖面中水草和围栏所在的位置、比例关系紧密。但是由于拍摄的景别过大，背景中的山景被涵盖到画面中，导致画面中的渔民呈现过小，背景内容有些杂乱，画面呈现有点松散，画面元素之间的关系不紧密。图 2-6-2 中右侧的图片是基于对原图片的分析，将画面中岸边的场景、航拍器及树木等干扰元素裁剪掉而得到的，这样既可以让画面的主体得到突出，同时又保留了原图所要表现的场景氛围和美感。在这幅经过二次构图的画面中，渔民处于画面“九宫格”的左上角，既保证了画面构图很好的均衡感，同时又让围栏在画面中形成一条观看的引导线。裁剪完成后的图片画面更加简洁，但不失层次，主体更加突出，画面元素之间的关系也更加紧密。

图 2-6-2　原图（左图，拍摄者：王峥）与裁剪后的效果对比

（2）围绕主体与画面其他元素的关系走向或者构成主题的元素展开分析，如果主体与其他元素的关系走向是横向关系，裁剪的时候应尽可能地采取横向裁剪；如果是纵向叙事关系，则应尽可能地采取纵向裁剪的方法。在裁剪的过程中不仅要让主体、主题或者视觉中心突出，同时还要尽可能地照顾画面中各元素之间的叙事关系和层次，如图 2-6-3 所示。

从图 2-6-3 左侧的原图中可以看到画面中的人物表情、着装和环境的搭配都比较恰当。影像的拍摄者采用了横构图的方式，给人物前方留有大量的空间，虽然在视觉感受上是合适的，但是由于留出的画面内容比较单一，没有元素能和人物形成叙事关系，造成了画面右侧的内容比较空洞，形成了左重右轻的构图失衡。相反，图片上方的灯笼和下方人物之间的竖向关系更加紧密，灯笼不仅很好地烘托环境氛围，还可以与人物形成主次关系。右侧裁剪后的图片在构图上更加饱满，画面元素之间的关系更加紧密，视觉主次关系更突出。

（3）对图片的局部内容呈现特点进行分析，运用元素的局部关系和切换呈现角度的裁剪方式，可以完全改变图片原本的主旨和内涵，如图 2-6-4、图 2-6-5 所示。

图 2-6-3 原图（左）与裁剪后的效果对比

图 2-6-4 原图（上）与旋转裁剪后的效果对比

图 2-6-5 原图（上）与裁剪后的效果对比

从图 2-6-4 上面的原图中可以看出，这是一幅拍摄水中倒影的图片，倒影的内容呈现比较完整，图片中的人影和树影的关系相对紧密，只是呈现出的视角和我们的视觉习惯不一样，很难给观者带来太多的美感和思考空间。运用旋转工具将图片旋转 180 度后，图片的呈现视角就发生了较大的改变，图片的正向角度与倒影的呈现视角形成了矛盾的视觉感受，给观者更生动和有趣味的图片观感。

图 2-6-5 的原图中，作者原本是想拍摄闲聊的摊主与摊位前两只睡着的小狗这样一个悠闲散漫的街景，正当作者拍摄时，一位路人闯入了画面，睡着的小狗也警惕了起来，最后得到的画面主题既不突出，元素之间的关系也不够紧密，悠闲散漫的环境氛围也被打破，完全不是作者想要拍摄的效果。乍一看，这幅影像似乎没有可取之处了，但是仔细观察就可以发现，小狗的观看方向与路人手提的塑料袋之间能建立起一个有效的视觉关系。图 2-6-5 中，下面的图片将原图画面中人物的上半身裁剪掉，只保留狗与路人手提的塑料袋。如此一来，图片中的狗与塑料袋的关系得到了强化，人物半身的呈现不仅使原本日常的街景画面多了几分想象空间，还让图片有了新的立意。

**【思考与练习】**

1. 画面校正包含哪些内容？

2. 二次裁剪的技巧有哪些？

3. 请在后期调整软件中使用不同裁剪技巧对图片进行裁剪练习。

Chapter 3

# 第三章　RAW 图像明暗调整

【学习目标】

1. 了解影调的定义和分类。

2. 了解明暗调整的内容和工具分类。

3. 熟练运用明暗调整工具对图片进行整体和局部的明暗调整。

数码后期的调整过程主要是结合自己的审美标准和方向，运用相对应的调整工具进行调整，不同人的审美标准决定了其后期调整的方向和执行的程度。校正主要是对所拍摄的图片进行还原，弥补和修正在前期拍摄过程中出现的一些瑕疵。然而作为摄影创作者本人而言，还原图片的后期调整并不能满足其在创作上的需求。很多摄影师会在后期调整时对自己的作品进行强化、渲染，使画面的视觉主次关系更加突出、明暗变化和颜色过渡更加有层次，超越肉眼所见，甚至部分摄影作品是靠后期的创意调整来达到作者心里预想的呈现效果的。

本章详细介绍了在后期明暗调整中，可以借助影调种类和直方图来辅助自己对图片的调整方向和执行力度进行把握。同时还详细介绍了在明暗调整过程中调整区域的分类和相应工具的运用，避免在实操中出现调整思路混乱，工具运用没有逻辑，既费时又耗力，效果还不理想等问题。

# 第一节　影调的定义

由于美学基础相对薄弱和图片阅读量的不足，很多刚接触摄影的朋友在数码后期的调整方向、执行力度的把握上缺乏判断的标准或者参考对象。在后期明暗的调整中，我们可以借助影调种类和直方图来辅助自己对图片的调整方向和执行力度进行把握。

影调是指图片的明暗基调，即图片的明暗关系、明暗层次、明暗对比程度。按直方图中波形的起伏来划分，可分为软调和硬调；按像素量在直方图上位置的分布来划分，可分为亮调、灰调和暗调；按直方图中波形分布的范围来划分，影调还可分为长调、中调和短调，如图 3-1-1 所示。精确的影调能够增强图片表现力，富有感染力的影调对图片氛围能够起到烘托作用，鲜明的影调能够将图片的个性特征呈现出来，使图片显得不再平庸。

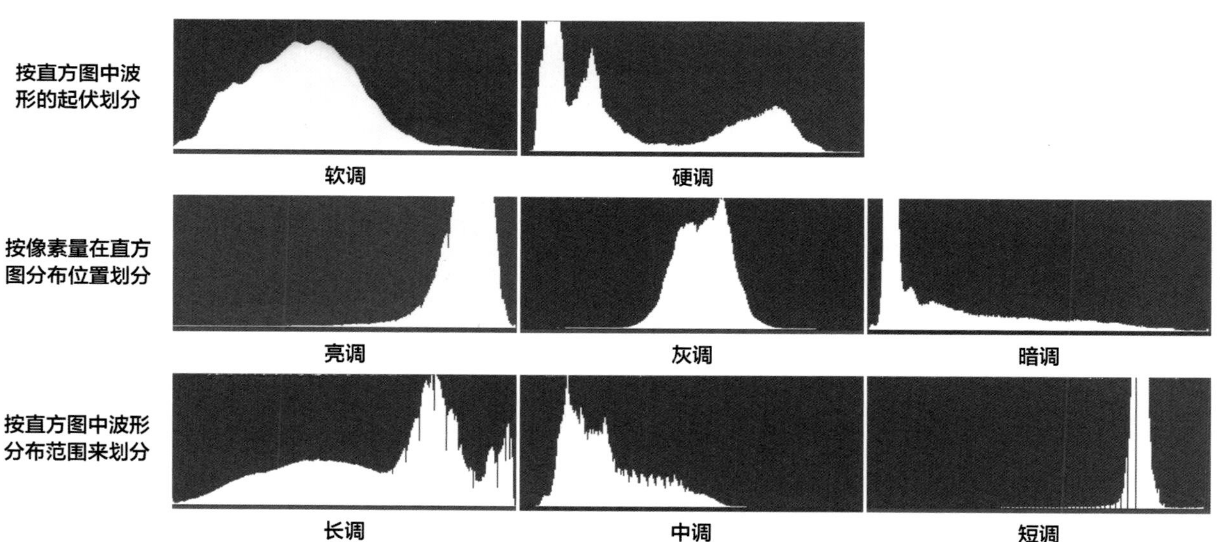


图 3-1-1　按直方图波形起伏、像素量分布位置、波形分布范围划分影调示意图

## 第二节 软调、硬调

软调是指拍摄场景受散射光的照射，拍摄对象的受光面和背光面形成了柔和的光比，反差较小，中间过渡层次丰富、质感细腻。这种明暗对比关系常常给人以松弛、舒缓、温和的视觉感受。软调图片的直方图波形的分布比较均匀，波峰和波谷起伏缓和，颜色和明暗细节过渡比较细腻，如图 3-2-1 所示。

图 3-2-1 拍摄的是雨后荷花的画面，雨后阴天没有直射阳光，画面中的明暗反差不强，颜色和明暗过渡自然。我们可以看到，这幅作品的整个直方图的波形分布比较均匀，波峰和波谷起伏过渡比较缓和。

硬调是指拍摄场景受直射光的照射，拍摄对象的受光面和背光面形成了强烈的明暗对比，反差较大，中间层次过渡较少。这种明暗对比关系常常给人以坚硬、明快、粗犷的视觉感受。硬调图片的直方图波形

图 3-2-1　软调图片（拍摄者：袁才鹤）及其直方图

的波峰和波谷起伏较大，像素信息主要集中在较亮和较暗的区域，中间区域相对较少，如图 3-2-2 所示。

从图 3-2-2 中可以看出，图片拍摄时的光线比较强，受光区域亮度比较合适，但是阴影区光线很暗，阴影区域和亮部区域形成了强烈的反差。这样一来，此作品在直方图上便呈现了明显的波峰和波谷，波峰和波谷起伏比较大，中间区域的信息分布较少，说明画面中的暗部和亮部的反差大，中间灰的信息分布比较少，画面给人硬朗结实、层次分明的感觉。

图 3-2-2 硬调图片（拍摄者：周志豪）及其直方图

# 第三节 亮调、灰调、暗调

按照明暗像素数量在直方图中的分布，我们可以将图片的影调分为亮调、灰调、暗调。亮调是指图片的明暗基调为亮色，图片中大量像素信息分布在直方图的右侧，画面以亮部区域为主，这类图片的影调就属于亮调。亮调给人一种纯洁、明快、宁静、淡雅的视觉感受。亮调并非指图片中的亮部区域都是白色，而是要在保证画面亮调的同时还要让亮部区域有层次过渡。同时，亮调图片往往会和局部少量的暗色搭配使用，使得暗色区域成为画面的视觉中心，这种手法常见于极简风格的摄影作品中，如图 3-3-1 所示。

图 3-3-1 拍摄的是天鹅戏水的场景，画面以亮灰色为主要的明暗基调。从直方图上我们也可以看到，图片的亮度信息主要分布在直方图的右侧，但是右侧的直方图并没有像素信息溢出，说明这幅图片虽

图 3-3-1　亮调图片（拍摄者：潘可）及其直方图

然偏亮，但是亮部区域有层次过渡，没有形成一片白色。

如果图片中大量像素信息分布在直方图的中间位置，画面明暗反差不明显，以灰色为主，那么这类图片的影调就属于灰调或者中灰调。灰调给人一种朦胧、平和、疏淡的视觉感受。虽然灰调在影调上缺乏明暗强对比的视觉冲击力，但平和的视觉表现力比较符合人们的视觉习惯，在拍摄创作形式上，其自由度相对较高，如图3-3-2所示。

图3-3-2拍摄的是雾凇的景象，弥漫在空气中的雾气笼罩着整幅画面中的场景，光线形成了一种散射状态，使得图片的明暗对比较弱，给人一种朦胧的视觉感受。从此图的直方图中可以看到，画面的大量信息分布在直方图的中间位置，直方图的左侧和右侧没有信息分布，因为亮部和暗部信息的缺失，导致图片整体偏灰，明暗反差不大。

如果图片中大量的像素信息分布在直方图的左侧，则画面以暗色为主，那么这类图片的影调就属于暗调。暗调会给人一种神秘、含蓄、肃穆、庄重的视觉感受。暗调并非指图片中的暗部区域全部都是黑色，而是要在保证图片处于暗色的同时，其暗部区域还有层次过渡。暗调往往会和小面积的亮色搭配使用，使亮色成为画面的视觉中心点，如图3-3-3所示。

图3-3-3拍摄的是绿皮火车过道中的场景，拍摄者是从火车的窗外拍摄的，暗色的门框占据了画面中的主要面积，这样一来，既形成了画面中的框架构图，又确定了图片的暗色基调。从此图的直方图中可以看到，图片中的主要信息集中在直方图左侧，但是最左侧没有信息溢出的情况，即表示图片主要是以暗色为主，暗部区域没有出现纯黑色的现象。

图 3-3-2　灰调图片（拍摄者：张宝成）及其直方图

图 3-3-3　暗调图片及其直方图

# 第四节　长调、中调、短调

根据直方图中波形分布的范围，影调还可分为长调、中调和短调。如果直方图中波形的分布范围比较全，占据直方图中的全部区域，那么这类图片的影调便称为“长调”。由于长调所涵盖的明暗灰阶较广，所以图片中的明暗对比较为强烈，明暗层次较丰富，如图 3-4-1 所示。

图 3-4-1 拍摄于江西婺源，画面中，从水面到岸边的树叶再到天空，形成了由亮到暗的比较丰富的明暗分布，画面中水面的亮度最亮，接近于白色，其中部分阴影最暗，接近于黑色。从其直方图中我们可以看到，图片的亮度信息从左到右都有分布，同时在最左端和最右端并没有信息溢出，这就表示图片从最亮到最暗都有信息分布，但是最亮和最暗区域没有过曝或欠曝的现象，这是一幅长调图片。

如果直方图中波形的分布范围适中，

图 3-4-1　长调图片（拍摄者：张宝成）及其直方图

占据直方图中的 1/3—1/2，那么这类图片的影调就被称为“中调”。由于中调所涵盖的明暗灰阶相对较少，所以会导致画面部分亮度信息缺失，产生对比度适中的效果，如图 3-4-2 所示。

图 3-4-2 拍摄的是沙漠形态的图片，画面以暗灰色为主，虽然整体偏暗，但是暗部区域的明暗过渡层次比较丰富，没有形成纯黑的情况。从其直方图中可以看到，图片的像素亮度信息分布范围大约占据直方图的 1/2，同时直方图最左侧和最右侧都没有信息溢出，我们称这样的图片的影调为中调。但是图 3-4-2 除了中调以外，还有一个明显的特征，就是图片的大量信息分布在直方图的左侧，右侧没有信息分布，这类图片的画面整体偏暗。像素信息分布范围占直方图的 1/3—1/2，信息分布靠左侧的影调被称为“低中调”。“低”表示的是图片的基调以暗色为主，“中”表示的是图片信息在直方图的分布范围适中。

如果直方图中的波形分布范围较窄，仅占据直方图的 1/3 左右，那么这类图片的影调就被称为“短调”。由于短调所涵盖的明暗灰阶最少，不仅会导致画面大部

图 3-4-2　中调图片（拍摄者：王勒娅）及其直方图

分亮度信息缺失，同时图片的影调对比也很弱，因此画面层次感较差，比较平淡，如图 3-4-3 所示。

图 3-4-3 的画面整体偏亮，明暗反差比较弱，偏灰。从其直方图中我们可以看到，图片的像素亮度信息分布的范围比较窄，大约占直方图的 1/3，因此这幅图片的影调就属于短调。此外，这幅图片的亮度信息主要分布在直方图的右侧，由此可以判断图片的基调属于高调，故其影调属于高短调。

当把高调、灰调、暗调同长调、中调、短调两两相交时，我们就可以得到 9 种类型的影调，分别为高长调、高中调、高短调、中长调、中中调、中短调、低长调、低中调、低短调。在日常的拍摄中，中长调比较常见，这种影调的画面从黑到白的层次细节通常比较丰富。在后期的明暗调整中，可以根据自己所拍摄图片的内容、主题和情感表达等因素更有针对性地选择相对应的影调。

图 3-4-3　短调图片及其直方图

# 第五节 整体明暗调整

说到工具的应用，估计大部分朋友在刚接触后期软件时都会被软件中密密麻麻的工具困扰：这些工具怎么用？什么时候用？在哪里用……本节将梳理一下明暗工具的分类和作用，以便于大家在后期调整时能按照自己的调整思路有针对性地选用工具，避免对工具盲目地使用和重复性操作。

## 一、整体明暗调整工具的分类

明暗调整的工具分为两类：一类是整体明暗调整工具，在 Camera Raw 中，整体明暗调整工具分别为基本调整界面中的“曝光”“高光”“白色”“阴影”“黑色”调整控件及“曲线”调整工具；另一类是局部明暗调整工具，需要先绘制调整区域，然后运用“曝光”“高光”“白色”“阴影”“黑色”调整控件进行明暗调整。在 Camera Raw 中，绘制调整区域的工具分别为“调整画笔”“渐变滤镜”“径向滤镜”。整体明暗调整工具中的“曝光”“高光”“白色”“阴影”“黑色”调整控件的内容我们已在第二章中做过介绍，在此不再做详解。

## 二、整体明暗调整工具——曲线

曲线是一个功能较强大的调整工具，在调整内容上既可以调整明暗信息，也可以调整颜色信息；在调整区域上，它既可以做整体调整，也可以做局部调整。通过曲线调整工具，我们不仅可以调整对比度、色阶等参数，还可以使之发挥其他工具的作用，比如反相、色调分离等。

Camera Raw 中的“曲线”调整界面由调整模式和曲线调整区组成。在调整模式中，其从左至右分别为“参数曲线”“点曲线”“红、绿、蓝通道曲线”和“目标调整工具”4 个调整模式，主要是用来选择曲线调整的方式和内容。曲线调整区是由网格状的正方形和 45° 的基线组成的，在基线上单击鼠标左键可以添加控制点，通过拖移控制点我们便可以调整图片了。曲线调整区的横轴代表输入值色阶的明暗变化，最左侧表示最暗，数值为 0；最右侧表示最亮，数值为 255。纵轴代表输出值色阶的明暗变化，最上面表示最亮，数值为 255；最下面表示最暗，数值为 0。默认状态下，基线代表各个区域的输入值等于输出值。当基线上、下有所调整时，输入值和输出值也会相应产生变化。基线左下方

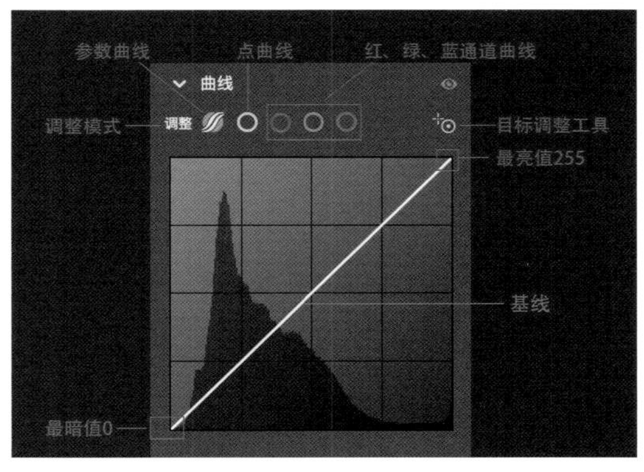


图 3-5-1　“曲线”调整界面（局部）

部分对应图片中的暗部区域，中间部分对应图片中的中间灰区域，右上方部分对应图片中的亮部区域，如图 3-5-1 所示。

在“参数曲线”模式下，“曲线”调整界面从上到下分为曲线调整区域、调整范围控件和区域调整滑块 3 个区域。操作时，将鼠标放在基线中的任意控制点，则基线两侧便会出现影响范围和强度的灰色波形图，同时在曲线调整区域右下角会显示与之相对应的调整区域。通过对控制点的上下拖移，我们便可以实现对明暗的调整。向上拖动控制点，则控制点对应的区域会被提亮，反之变暗。此外，我们也可以拖动区域调整控件中的任意滑块来调整画面的明暗。区域调整滑块中的“高光”“亮调”“暗调”“阴影”4 个调整控件与直方图中的明暗分布位置相对应，最大值为 100，最小值为 -100，默认值为 0。当拖拽调整滑块向左移动时，数值会变小，对应的区域会变暗；当拖拽滑块向右移动时，数值则会变大，对应区域会被提亮。当调整基线上的任意控制点时，与之相对应的调整控件数值也会发生相应的变化。如果默认的调整范围效果不理想，可以通过移动调整范围滑块中的 3 个小黑点来使调整范围扩大或缩小，如图 3-5-2 所示。

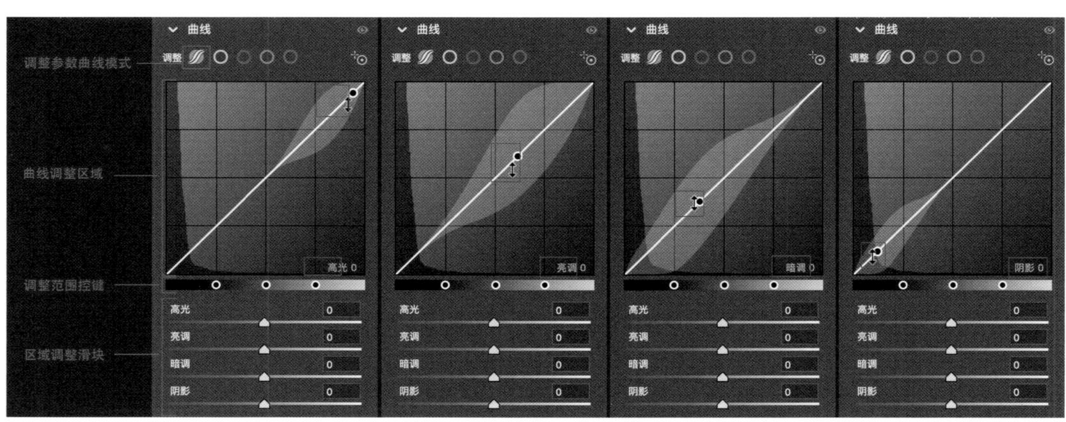


图 3-5-2　“曲线”调整界面

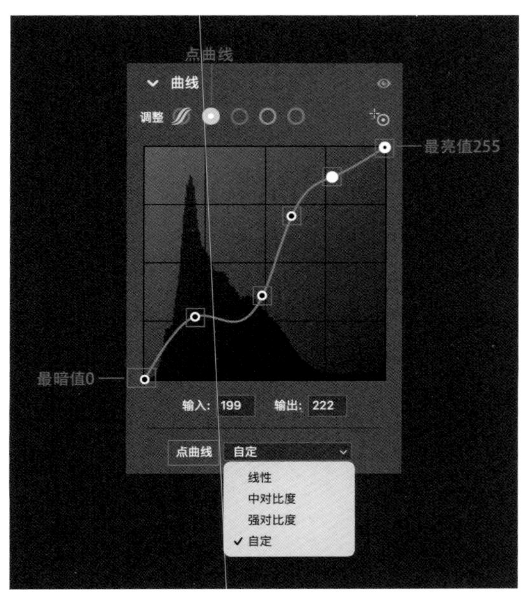


图 3-5-3 “点曲线”调整界面

“参数曲线”模式下虽然可以对图片进行整体和分区域调整，但在控制点数量、调整的精准度以及幅度上会有些局限。相对而言，“点曲线”调整方式要灵活得多。

在“点曲线”界面中分别有曲线调整区域和曲线预设选项两个区域。在曲线调整区域中包含了调整区域和“输入”“输出”两个选项，操作时只需要在基线上增加任意控制点，并向上或者向下拖拽控制点即可实现对应区域的提亮或者压暗效果。当控制点有调整时，控制点对应的输入值和输出值也会相应地产生变化。在曲线预设选项区域，我们也可以通过选择“点曲线”下拉菜单中的“线性”“中对比度”“强对比度”和“自定”4 个预设选项对画面进行调整，如图 3-5-3 所示。

不同的曲线形状代表着不同的效果，我们可以通过对曲线形状的调整来达到自己期望的画面效果。为了方便大家对曲线的理解和运用，接下来，我将为大家演示几种日常运用中比较常见的曲线形态。

（1）提亮曲线。将基线上的控制点向上拖拽，画面的亮度就会随之增强，如果控制点在基线点的中间区域，则其主要提亮的是画面的中间调。当拖拽控制点向上移动时，直方图的波峰会向右偏移，如图 3-5-4 所示。

（2）压暗曲线。将基线上的控制点向下拖拽，画面的亮度就会随之降低，如果控制点在基线点的中间区域，则主要压暗的是画面的中间调。当拖拽控制点向下移动时，直方图的波峰会往左偏移，如图 3-5-5 所示。

（3）增强对比曲线，也称“S 曲线”。在基线的右上方和左下方各增加一个控制点，将亮部区域对应的控制点向上拖拽，亮部区域会被提亮；将暗部区域对应的控制点向下拖拽，暗部区域会被压暗。当增强对比曲线执行完成后，直方图的波峰会向左右两边偏移。增强对比曲线虽然可以提高图片中的明暗对比，但是如果操作幅度过大，会造成画面部分细节的丢失，如图 3-5-6 所示。

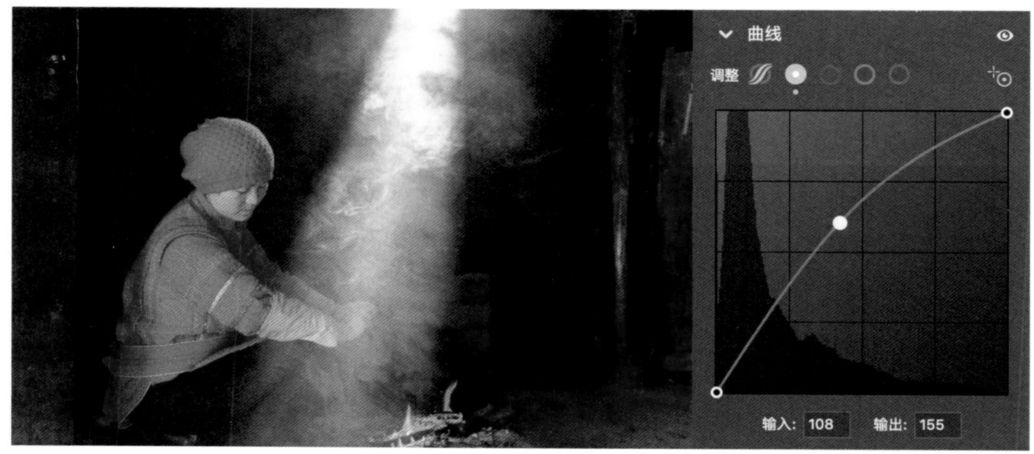


图 3-5-4　提亮曲线及操作后的画面效果

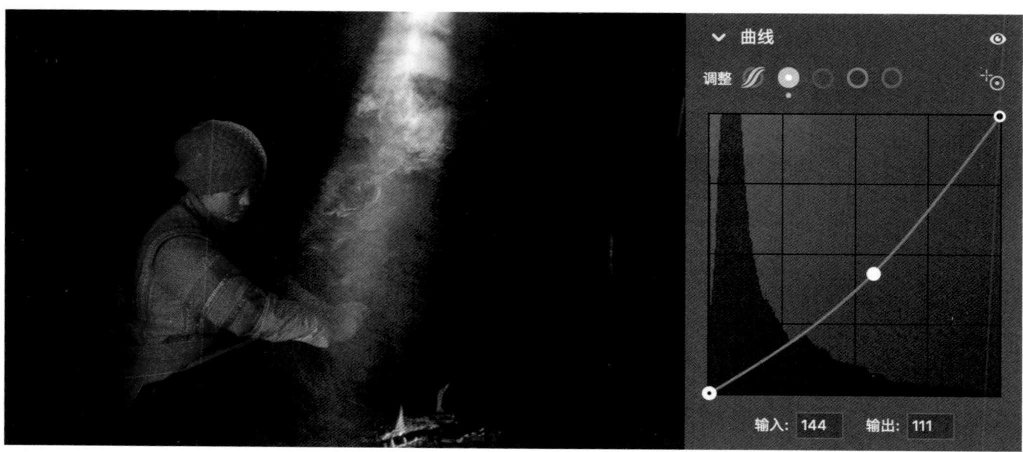


图 3-5-5　压暗曲线及操作后的画面效果

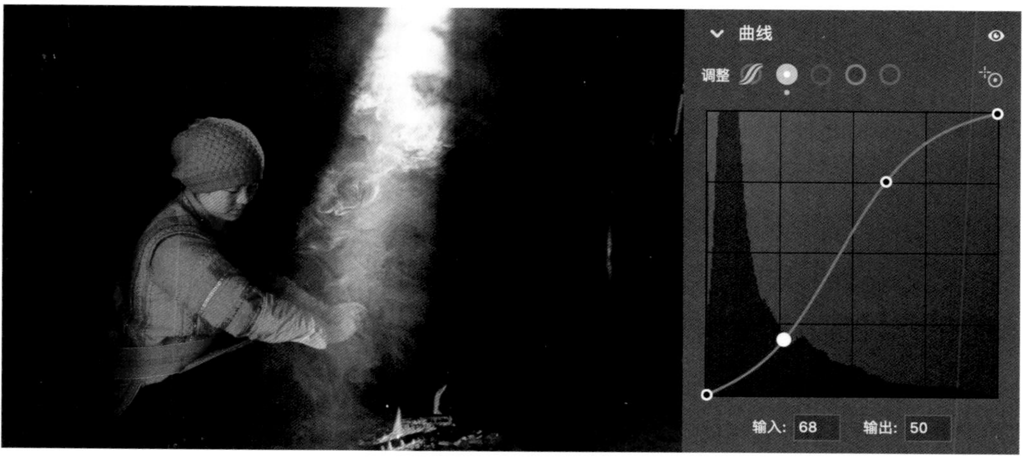


图 3-5-6　增强对比曲线及操作后的画面效果

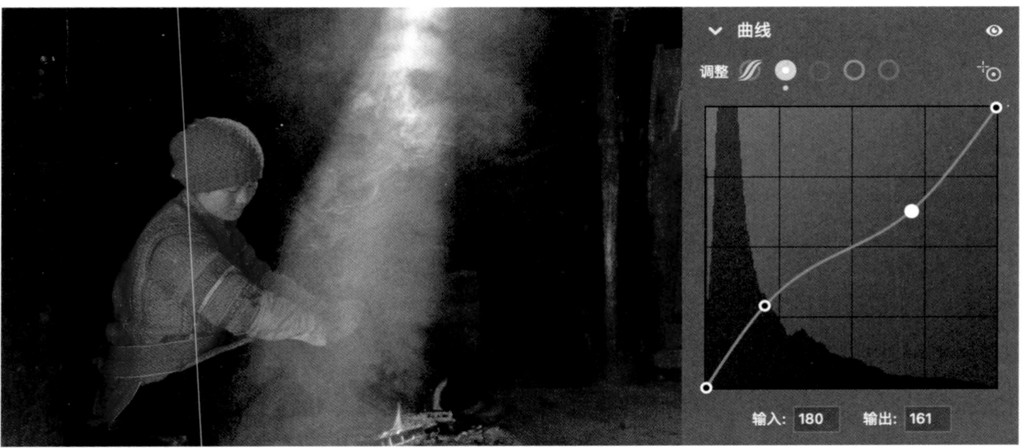


图 3-5-7　降低对比曲线及操作后的画面效果

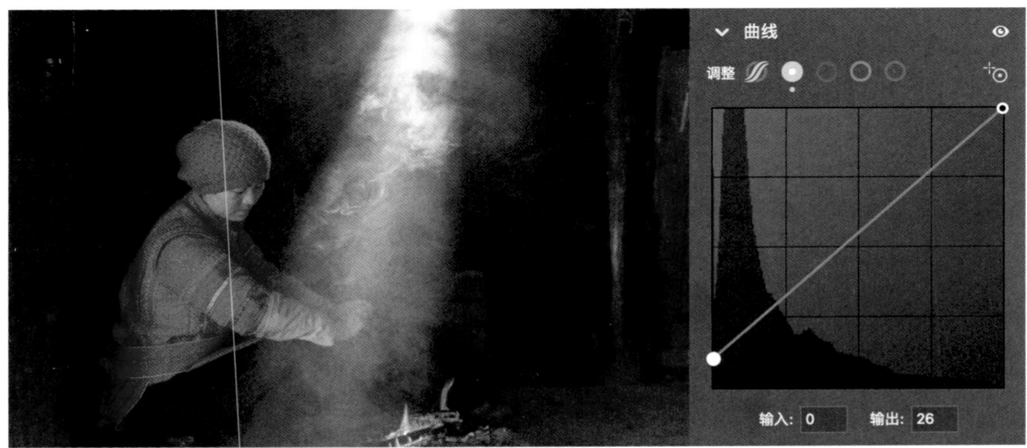


图 3-5-8　暗部压缩曲线及操作后的画面效果

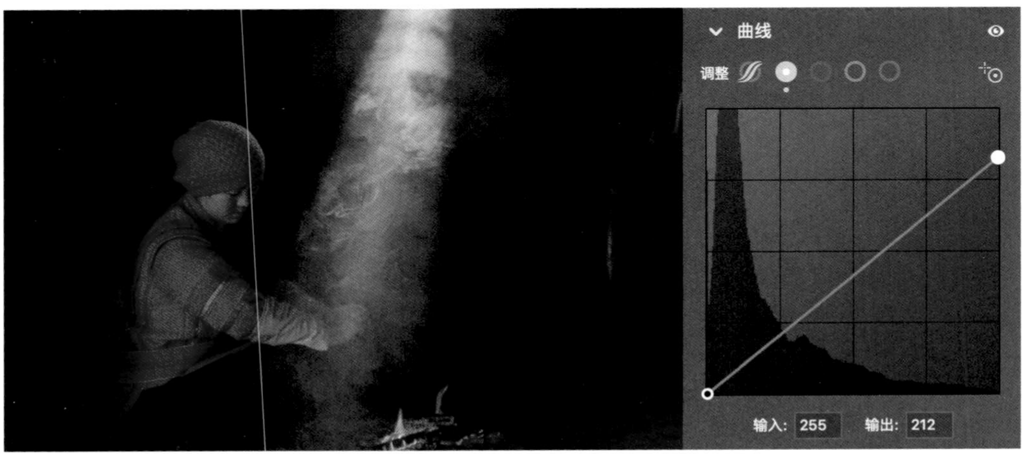


图 3-5-9　高光压缩曲线及操作后的画面效果

（4）降低对比曲线，也称“反 S 曲线”，与增强对比曲线相反。在基线的右上方和左下方各增加一个控制点，将亮部区域对应的控制点向下拖拽，亮部区域会被压暗；将暗部区域对应的控制点向上拖拽，暗部区域会被提亮。通过降低亮部区域的亮度、增加暗部区域的亮度，可以使画面的明暗对比变得柔和。当降低对比曲线执行完成后，直方图的波峰会向中间聚集。虽然降低对比曲线会使画面变灰，但是可以使图片呈现更多的细节，如图 3-5-7 所示。

（5）暗部压缩曲线。将基线最左侧的控制点向上拖拽，我们可以看到此时控制点的输出数值由之前的 0 变成了 26，即之前画面中最暗的区域被提亮到数值为 26 的亮度。当暗部压缩曲线执行完成后，直方图的波峰会向右偏移，并且直方图的左侧没有信息分布，即画面中没有纯黑的区域。这种暗部缺失的效果适用于模拟胶片相机的拍摄效果，可以呈现出一种空气感和日系风格，如图 3-5-8 所示。

（6）高光压缩曲线。将基线最右侧的控制点向下拖拽，我们可以看到此时控制点的输出数值由之前的 255 变成了 212，即之前画面中最亮的区域被压暗到数值为 212 的亮度。当高光压缩曲线执行完成后，直方图的波峰会向左偏移，并且直方图的右侧没有信息分布，即画面中没有纯白的区域。这种高光缺失的效果通常给人压抑、沉闷的视觉感受，如图 3-5-9 所示。

（7）高光扩展曲线。将基线最右侧的控制点向左拖拽，我们可以看到此时控制点的输入数值由之前的 255 变成了 189，即之前图片中 189 的亮度数值被调整成为纯白色。高光扩展曲线可以扩展画面中的纯白区域，让画面中的亮部区域更多。当高光扩展曲线执行完成后，直方图的波峰会向右偏移，并且直方图的右侧会出现信息分布断层的现象，即图片整体变亮，但是纯白区域会出现高光细节的丢失。高光扩展曲线不仅可以重新定义画面中的纯白色，在模拟水墨和水彩风格上，其效果也比较突出，如图 3-5-10 所示。

（8）暗部扩展曲线。将基线最左侧的控制点向右拖移，控制点的输入数值由之前的 0 变成了 34，即之前画面中的亮度数值 34 被调整为纯黑色。暗部扩展曲线可以扩展画面中的纯黑区域，让画面中的暗部区域更多。当暗部扩展曲线执行完成后，直方图的波峰会向左偏移，并且直方图的左侧会出现信息分布断层的现象，即表示图片整体变暗，但是暗部区域会出现细节的丢失。暗部扩展曲线不仅可以重新定义画面中的纯黑色，在模拟胶片、制造高对比等效果方面也比较突出，如图 3-5-11 所示。

（9）复古胶片曲线。此曲线是模拟胶

片效果。它糅合了 S 曲线与暗部压缩曲线两种方法，既保留有胶片的空气感效果，又能保证画面有一定的明暗对比，操作简单，效果明显，如图 3-5-12 所示。

（10）反相曲线。将基线最左侧的控制点向上拖拽到最上方，控制点的输入数值由之前的 0 变成了 255，即之前画面中的纯黑色被调整成纯白色。再将基线最右侧的控制点向下拖拽到最下方，控制点的输入数值由之前的 255 变成 0，即之前图片中的纯白色被调成纯黑色，其他颜色也向其补色转变，在明暗和颜色的呈现上，调整后的画面与原

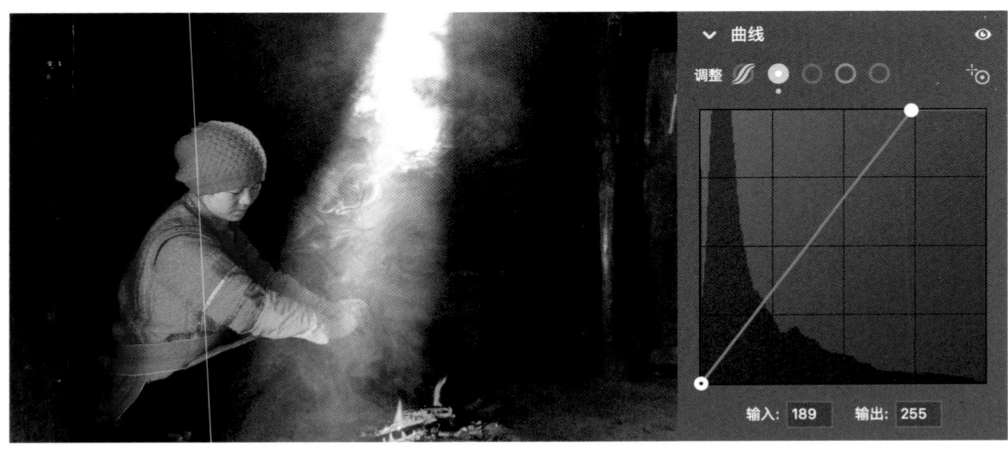


图 3-5-10 高光扩展曲线及操作后的画面效果

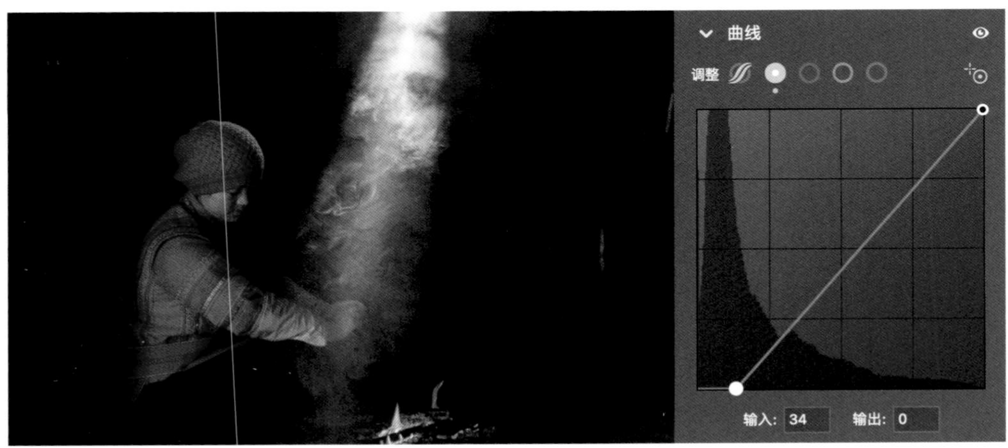


图 3-5-11 暗部扩展曲线及操作后的画面效果

图完全相反，如图 3-5-13 所示。如果将反相曲线运用在单个颜色通道或明度通道中，则其效果往往会比较出奇。

不仅 Camera Raw 中有曲线调整工具，在 Photoshop 中也都有类似的设置。当然，曲线的调整也不只是上面列举的几种类型，在实际操作中，通过控制点的设置和调整可以对图片进行更加细微的局部调整。同时还可以结合颜色通道对颜色进行精准控制，不管是在调色还是仿色上，曲线调整工具都能胜任。

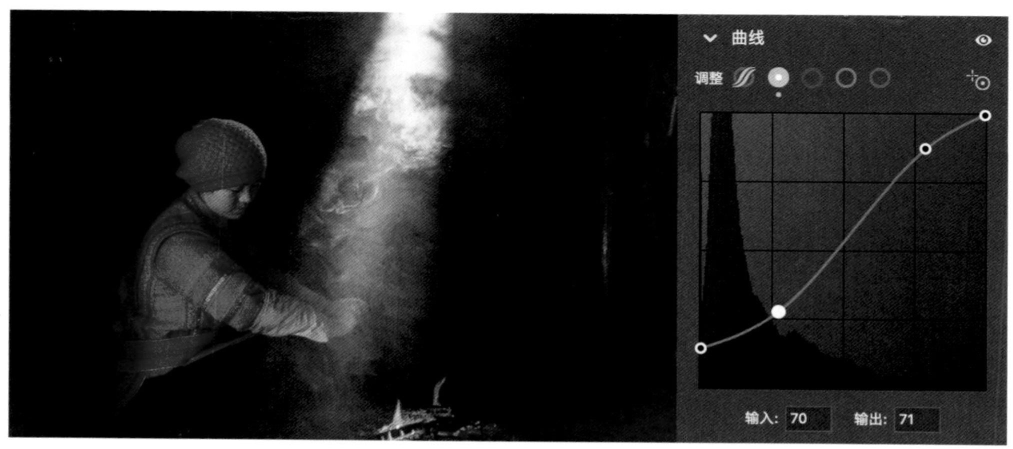


图 3-5-12　复古胶片曲线及操作后的画面效果

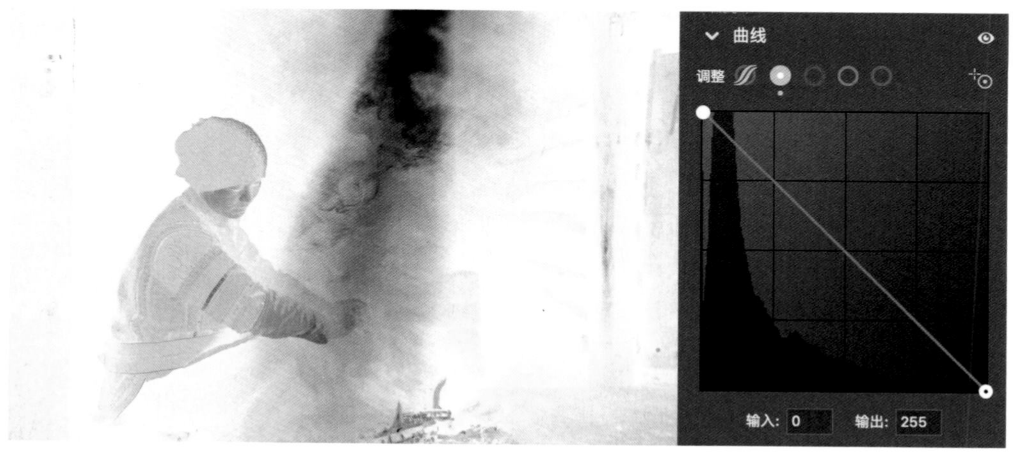


图 3-5-13　反相曲线及操作后的画面效果

# 第六节　局部明暗调整

整体明暗调整主要是解决图片整体的明暗基调问题，使图片有一个整体的明暗走向。但是当我们完成整体明暗调整后，会发现在一些细节呈现上依然存在不和谐的地方，比如画面的主次不突出、立体感不强等情况。这时，我们便需要运用局部明暗调整工具来对图片做进一步的分区细致刻画，使画面不仅有全局的明暗基调，同时在局部的明暗分布上也有层次、有主次。

局部明暗调整需要借助绘制调整区域工具先行绘制好需要调整的区域，然后再运用调整明暗的调整控件来实现局部明暗调整。在 Camera Raw 中获取局部调整区域的方式有两种：一种是通过“调整画笔”“渐变滤镜”“径向滤镜”直接绘制，另一种是先通过“调整画笔”“渐变滤镜”“径向滤镜”在图片中绘制好初始选区蒙版后，再通过颜色范围蒙版、明亮度范围蒙版、深度范围蒙版选取图片中与所选取的灰度、颜色、深度信息类似的区域。两者可以单独使用，也可以搭配在一起运用。

## 一、局部明暗调整工具之一——渐变滤镜、径向滤镜、调整画笔

Camera Raw 中的局部明暗调整工具从上到下分别为“渐变滤镜”（快捷键 G）、“径向滤镜”（快捷键 J）、“调整画笔”（快捷键 K）。这 3 个调整工具不仅具有绘制局部调整区域的功能，还可以在所绘制的区域内通过“范围蒙版”对图片的同一明亮度、颜色进行分类分层选择。3 个工具在操作界面的设置上基本一致，只是在绘制调整区域的方式和范围上有所差异。

### 1. 渐变滤镜

“渐变滤镜”主要是在绘制的方形调整区域内进行局部调整。绘制的方形调整区域受 100—0 的渐变控制，调整的效果过渡比较自然，与中灰渐变镜的效果类似。“渐变滤镜”调整界面从上到下分为模式区、调整区、范围蒙版区，如图 3-6-1 所示。

在“渐变滤镜”模式区中，从左到右分别为“创建和编辑调整”“添加到选定调整”“从选定调整中清除”“重置渐变滤镜”、“更多局部校正设置”5 个调整选项，如图 3-6-2 所示。在默认状态下，“添加到选定调整”和“从选定调整中清除”两个调整选项不可用。创建渐变滤镜后，如果所绘制的调整区域不理想，我们可以选用“添加到选定调整”和“从选定调整

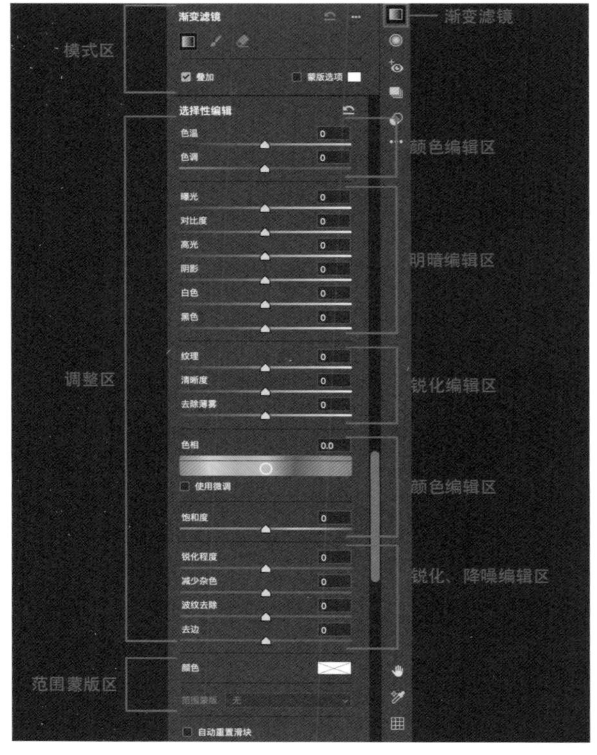


图 3-6-1 “渐变滤镜”调整界面的各分区

中清除”两个工具对调整区域进行增加或者删减操作。在实际操作中，难免会有操作失误或遗留的操作数据未被清除干净的情况，这时我们可以通过“重置渐变滤镜”选项使图片恢复到最初的原始状态。同时，我们还可以通过“更多局部校正设置”选项来对数据进行重置。创建完渐变滤镜后，我们可以通过勾选或者取消“叠加”复选框来显示或隐藏滤镜位置的标识，也可以勾选或取消“蒙版选项”来查看滤镜影响的区域。

当“添加到选定调整”和“从选定调整中清除”两个调整选项在被选中的状态下时，操作界面中有“大小”“羽化”“流动”“自动蒙版”4 个选项，如图 3-6-3 所示。

“大小”调整滑块主要用来控制添加或者删减笔触的大小，其快捷键分别为“]”

图 3-6-2 “渐变滤镜”模式区从左至右的各调整选项

图 3-6-3 渐变滤镜工具界面

和“[”，其最小值为 1，最大值为 100，默认值是 30。数值越小，笔触越细，所绘制的区域越精准；笔触越粗，绘制的区域边界越模糊，可以快速地绘制大致的调整区域。笔触大小的设置主要是根据添加或者删减的内容大小而定的，我们应避免笔触设置过大或者过小而带来操作上的不便。一般情况下，我们应先用大笔触进行大致区域的绘制，然后再用小笔触进行细微调整。

“羽化”调整滑块主要用来控制画笔边缘与未绘制区域的过渡程度，其最小值为 0，最大值为 100，默认值是 100。将调整滑块向右拖动，数值会变大，数值越大，画笔边缘与未绘制区域的过渡范围就越大，过渡渐变也就越自然柔和；将调整滑块向左拖动，数值会变小，数值越小，画笔边缘与未绘制区域的过渡范围就越小，过渡就越显生硬。在操作过程中，我们一般建议使用较大的羽化数值，这样可以保证所调整区域和未调整区域之间能够自然和谐地过渡。

“流动”调整滑块主要用来控制画笔的输出量，其最小值为 1，最大值为 100，默认值是 50。将调整滑块向左拖动，数值变小，数值越小，其影响强度越弱；向右拖动，数值变大，数值越大，其影响强度越强。操作过程中，我一般建议使用偏小的数值，然后通过多次绘制来达到效果。如果直接使用较大的数值进行绘制，容易造成过渡不自然的情况。

“自动蒙版”选项主要用来自动识别图片内容的边缘，可以在微调选区时做精准控制。当“自动蒙版”选项被勾选时，画笔绘制的区域会自动识别图片中的轮廓边缘。

“渐变滤镜”的编辑区分为明暗编辑区、颜色编辑区、锐化降噪编辑区。本部分主要讲的是明暗编辑区。颜色编辑区和锐化降噪编辑区将会在后续的章节中进行详解。明暗编辑区的调整效果作用于创建好的渐变选区内。在明暗编辑区内，从上至下分别为“曝光”“对比度”“高光”“阴影”“白色”和“黑色”6 个调整控件。“曝光”调整控件主要调整选区内整体的亮度；“对比度”

调整控件主要调整选区内明暗的对比强度；“高光”调整控件主要控制选区内较亮区域的亮度；“阴影”调整控件主要控制选区内较暗区域的亮度；“白色”调整控件主要控制选区内最亮区域的亮度；“黑色”调整控件主要控制选区内最暗区域的亮度。在实际操作中，我们可以根据图片内容对几个调整控件进行综合运用。

图 3-6-4 中调整的图片拍摄的是日落的场景，由于是逆光拍摄，天空与地面的光比较大，地面的曝光有点偏暗，细节没有得到呈现（见图 3-6-7 的上图）。为了保证天空的曝光正常，可以运用“渐变滤镜”工具对地面进行单独调整。

在 Camera Raw 中打开图片并选择“渐变滤镜”调整工具，在图片中从下至上绘制矩形的调整区域，绿色的点表示起始点，影响强度最强，红色的点表示终点，影响强度最弱。我们可以通过调整两个控制点的位置来对影响区域进行调整。而后，将“叠加”和“蒙版选项”勾选上，绿色覆盖的区域表示可以影响到的区域（蒙版覆盖的颜色可以自定义设置，点击“蒙版选项”复选框后面的色块即可对蒙版覆盖的颜色进行设置）。渐变滤镜区域绘制完成后，如果“曝光”“对比度”“高光”“阴影”“白

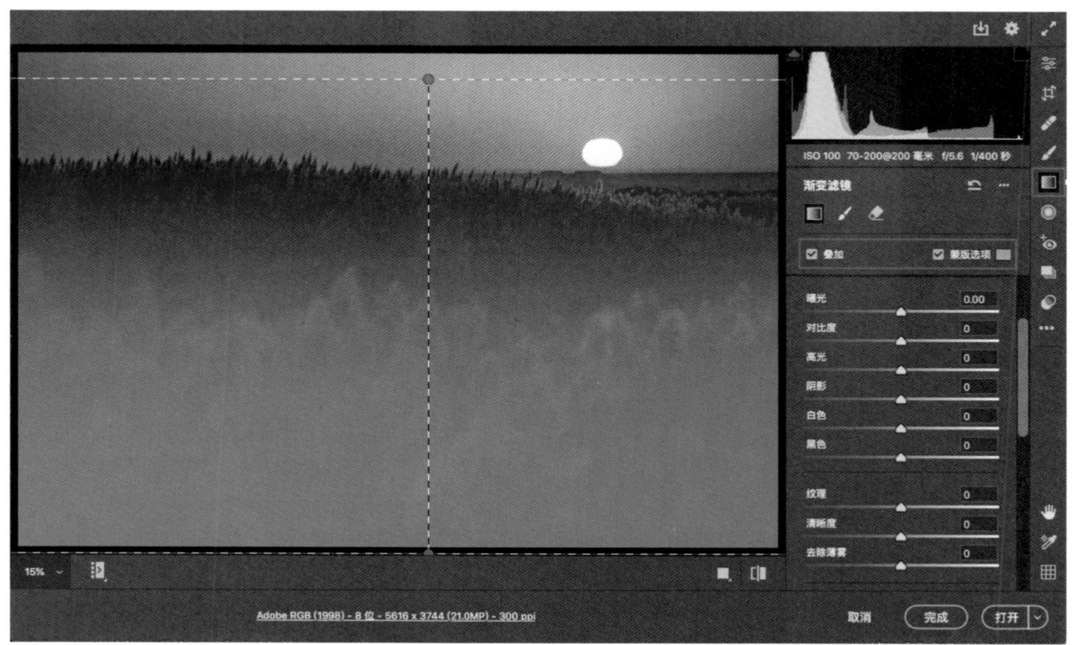


图 3-6-4　渐变滤镜区域绘制（勾选“叠加”和“蒙版选项”）

图 3-6-5　渐变滤镜区域绘制（取消“蒙版选项”并做调整后）

图 3-6-6　运用“添加到选定调整”工具调整画面

图 3-6-7 原图（上图，拍摄者：莫萍）与使用“渐变滤镜”调整后的效果对比

色”“黑色”6 个调整控件的数值都为 0，则绘制的区域没有变化，见图 3-6-4。

接下来，将“蒙版选项”复选框取消，以便于调整观察，然后将“曝光”调整为 +2.00，“高光”调整为 -11，“阴影”调整为 +25，“白色”调整为 +20，如图 3-6-5 所示。这时观察所绘制的区域，就会发现有所提亮，但受渐变强度的影响，中间区域的提亮程度较弱。如果继续将曝光值增加，会发现前景会过曝。这时我们可以运用“添加到选定调整”工具来将未受影响的区域进行单独调整。

选择“添加到选定调整”工具并将“大小”设置成为 20，“羽化”设置成为 100，“流动”设置成为 20，并在图片中未受影响的区域进行涂抹，这样一来，未受到影响的区域就会被单独提亮，如图 3-6-6 所示。将“流动”设置为小数值是为了避免画笔的影响强度过大，导致画面过渡不自然。图片调整后的对比效果如图 3-6-7 所示。

## 2. 径向滤镜

“径向滤镜”工具主要是对绘制的椭圆形调整区域的内部和外部进行局部调整。“径向滤镜”界面的设置和“渐变滤镜”界面基本一致，只是在模式区中增加了“羽化”和“反相”两个选项，如图 3-6-8 所示。“羽化”调整滑块主要是控制椭圆形

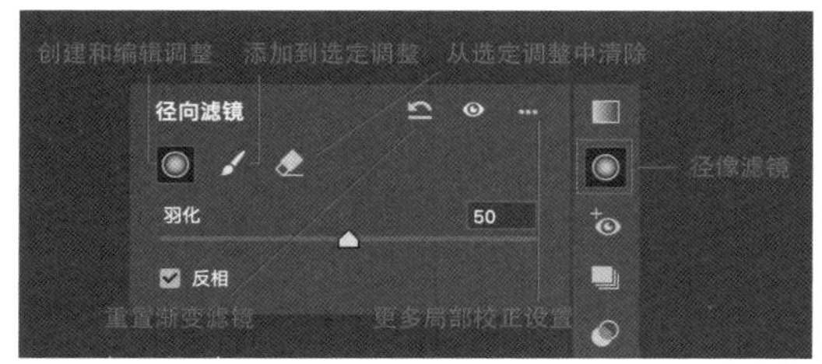


图 3-6-8　“径向滤镜”调整界面

内部和外部区域的过渡程度，其最小值为 0，最大值为 100，默认值是 50。将“羽化”调整滑块向右拖拽，数值会随之变大，数值越大，虚化范围越大，过渡渐变越自然柔和。将“羽化”调整滑块向左拖拽，数值会随之变小，数值越小，过渡范围越窄，过渡越生硬。“反相”选项是用来调整椭圆形区域内部和外部之间的切换的，当“反相”选框没有被勾选时，其效果作用的是径向滤镜的内部；当“反相”选框被勾选时，其效果作用的是径向滤镜的外部。由于“径向滤镜”调整界面的设置和“渐变滤镜”一致，其余的工具就不再一一介绍了。

图 3-6-9 中调整的图片是一个未满周岁的小孩，由于小孩背窗而坐，人物的脸部和上半身处在阴影中，比较暗，脸部表情和细节没有得到充分展现（见图 3-6-12 的上图），所以我们可以运用“径向滤镜”工具对人物的脸部和上半身进行单独的调整。

在 Camera Raw 中打开图片并选择“径向滤镜”调整工具，在画面中人物的上半

身绘制一个椭圆形的调整区域。椭圆形的区域绘制完成后，我们可以通过拖拽椭圆形四周的4个控制点来调整椭圆形的形状，使椭圆形的区域主要集中在人物的脸部和上半身。椭圆形的中间位置受羽化影响的强度最强，且羽化程度由中间位置向四周逐渐减弱。将“叠加”和“蒙版选项”勾选上，绿色覆盖的区域表示调整能够影响到的区域，如图 3-6-9 所示。

将“蒙版选项”复选框取消，以便于我们调整观察。将“曝光”调整为 +0.80，“阴影”调整为 +30，此时人物的脸部和上半身就得到提亮了，如图 3-6-10 所示。

为了使人物在画面中更加突出，我们可以再次使用“径向滤镜”工具将四周压暗，形成暗角效果。选择“径向滤镜”调整工具绘制一个大的椭圆形调整区域，并将“反相”选项勾选上，如图 3-6-11 所示。当“反相”选项被勾选上时，调整区域就由椭圆形的内部转向了椭圆形区域的外部。此时将“曝光”调整为 -0.10，“高光”调整为 -20，“阴影”调整为 -10，“白色”调整为 -20，“黑色”调整为 -10，图片就形成了我们想要的暗角效果。原图与最终调整后的效果对比如图 3-6-12 所示。

图 3-6-9 使用“径向滤镜”调整工具选择调整范围

图 3-6-10　脸部调整设置及效果

图 3-6-11　画面主体以外区域的调整

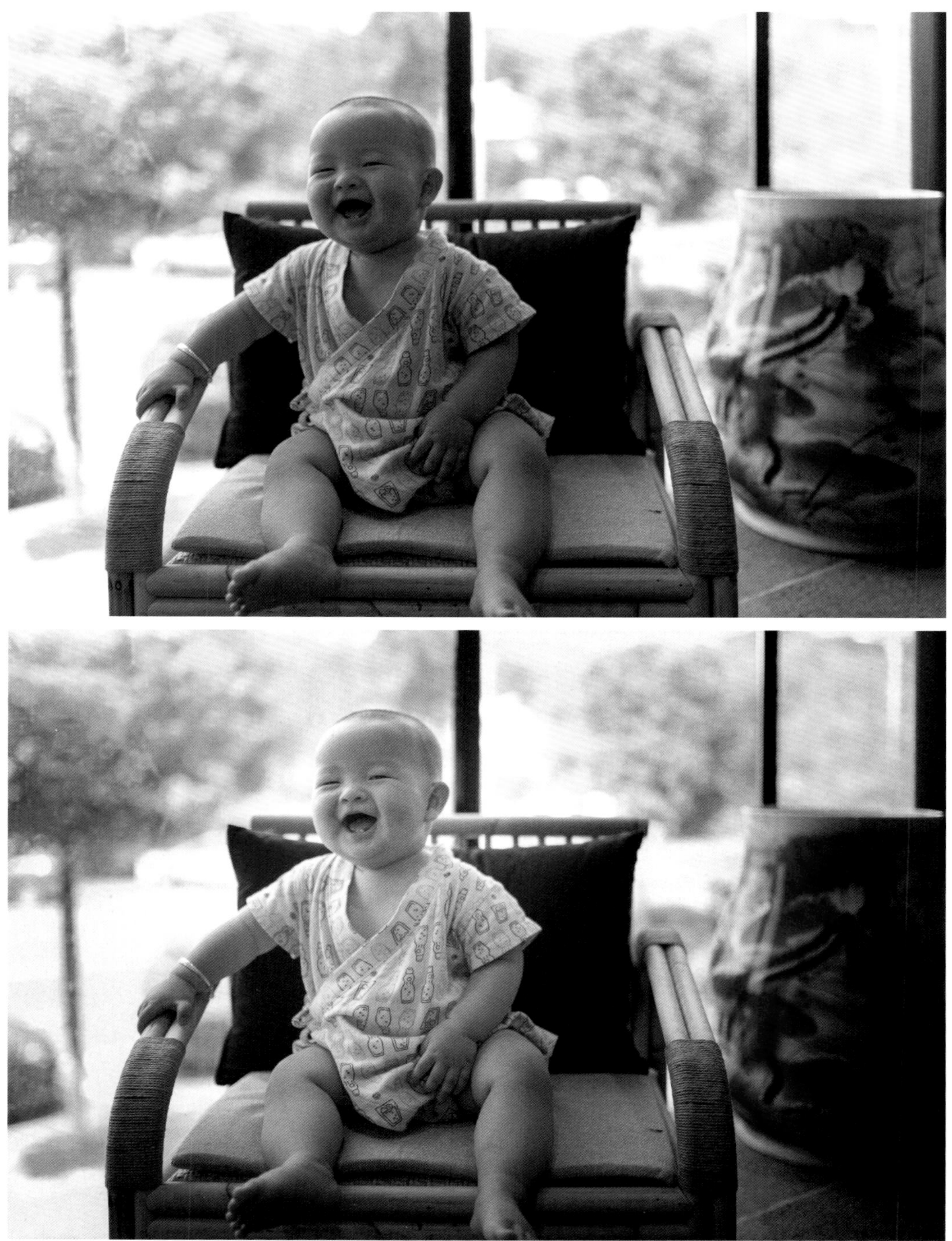

图 3-6-12　原图（上）与使用“径向滤镜”调整后的效果对比

### 3. 调整画笔

“调整画笔”（图 3-6-13）主要是对绘制区域进行局部调整，相对于“渐变滤镜”和“径向滤镜”而言，“调整画笔”在调整区域的创建上要更灵活，它可以用画笔在图片中的任意位置绘制任意形状的调整区域。“调整画笔”的界面设置和“渐变滤镜”“径向滤镜”的界面设置基本一致，只是在模式区中增加了画笔的基本设置，其从上到下分别为“大小”“羽化”“流动”“浓度”“自动蒙版”5 个选项。“大小”调整控件主要用来控制画笔的大小，其最小值为 1，最大值为 100，默认值是 30。“羽化”调整控件主要用来控制画笔边缘和未绘制区域的过渡程度，其数值越大，虚化的范围就越大，过渡就会越自然柔和；其

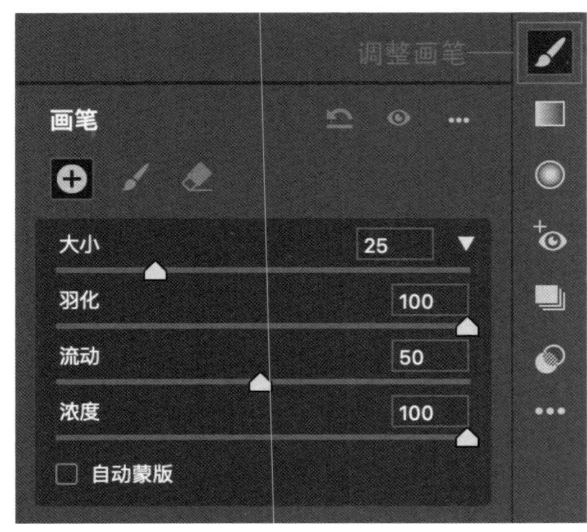


图 3-6-13 “调整画笔”界面

数值越小，过渡范围就越窄，过渡就会越生硬。“流动”调整控件主要用来调整笔触应用效果的强度，其最小值为 1，最大值为 100，默认值是 50，其数值越大，作用效果就越强；数值越小，作用效果就越弱。“浓度”调整控件主要用来控制笔触的不透明度，其最小值为 0，最大值为 100，默认值是 100，其数值越大，作用效果越明显；数值越小，作用效果就越弱。“自动蒙版”选项是通过笔触绘制调整区域，该工具会自动获取图片绘制区域的边缘轮廓，以达到精确绘制调整区域的目的。由于调整界面设置和其他两个滤镜一致，就不再赘述。

尽管“渐变滤镜”“径向滤镜”“调整画笔”这 3 个工具都是用来进行局部调整的，但在绘制区域的范围和方式上有所差异。在实际操作时，我们需要根据所要调整的局部区域内容分布情况来选择相对应的局部调整工具。

## 二、局部明暗调整工具之二——颜色、明亮度、深度范围蒙版

在范围蒙版区，由上至下分别设置了“颜色”和“范围蒙版”两个选项。“颜色”模式用来选择蒙版区域显示的色彩，可以在拾色器中选择任意颜色作为蒙版区域的显示色，以便于观察调整效果所影响的区域和强度。在“范围蒙版”选项的下拉菜

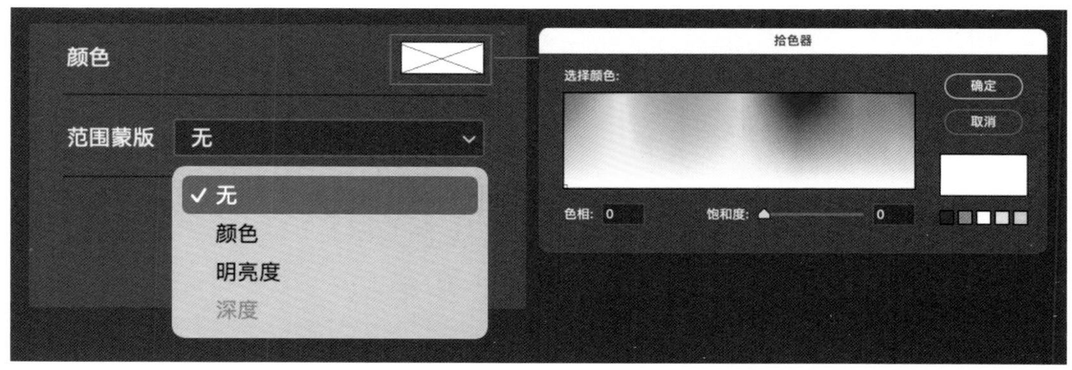


图 3-6-14　颜色范围蒙版调整界面

单中分别设置有“颜色”“明亮度”“深度”3个选项，如图 3-6-14 所示。使用颜色范围蒙版、明亮度范围蒙版和深度范围蒙版控件，可以快速在图片中创建一个以颜色、明亮度、深度为调整区域的精确蒙版以应用于局部调整。“范围蒙版”选项在默认状态下是处于不可用状态的，当局部调整区域创建完成后便可使用了。

“范围蒙版”中的“颜色”模式主要是让调整效果仅对调整区域中选中的一种或几种颜色起作用。“颜色”模式界面中分别由“样本颜色”吸管和“色彩范围”调整滑块组成，如图 3-6-15 所示。“样本颜色”吸管主要用来采集调整区域内的某种颜色作为计算样本，通常情况下，与样本颜色相近的颜色也会被纳入调整范围之内。在默认状态下，“样本颜色”只能吸取一种颜色作为样本，如果需要吸取多种颜色作为样本，可以按住 Shift 键并在图片中单击鼠标左键即可添加多个颜色取样点，一次最多只能添加 5 个颜色取样点。如果要删除现有颜色取样点，按住 Alt( Windows ) /Option ( Mac OS ) 键并单击要删除的取样即可。

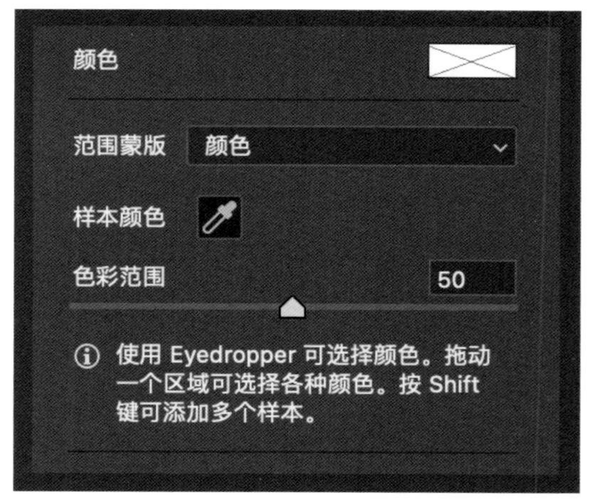


图 3-6-15　“颜色”界面中的“样本颜色”吸管和“色彩范围”滑块

“色彩范围”调整控件主要用来控制所选取颜色的影响范围，其最小值为 0，最大值为 100，默认值是 50。将滑块向左拖拽，数值会逐渐变小，数值越小，其影响的颜色范围越小；将其向右拖拽，数值会逐渐变大，数值越大，其影响的颜色范围越广，如图 3-6-15 所示。

在实际操作中，我们需要先运用“样本颜色”吸管在图片中进行颜色取样，然后再运用“色彩范围”滑块控制颜色取样的范围值。为了查看选中的颜色区域，我们需要按住 Alt（Windows）/Option（Mac OS）键的同时拖拽“色彩范围”滑块，图片便会以黑白的方式呈现——白色代表受影响区域，黑色代表不受影响区域。按 Esc 键即可退出颜色取样。

图 3-6-16 中调整的图片拍摄的是冬天海边日落的场景。画面中，冰块在不同光线的影响下呈现出橙色和蓝色的对比效果，但是由于部分冰块没有受到落日余晖的照耀，致使画面中的蓝色区域不够突出（见图 3-6-19 的上图）。这时我们可以通过“颜色”模式将所有的蓝色选中，然后对其进行提亮。

在 Camera Raw 中打开图片并选择“调整画笔”工具，在图片中的下方区域绘制

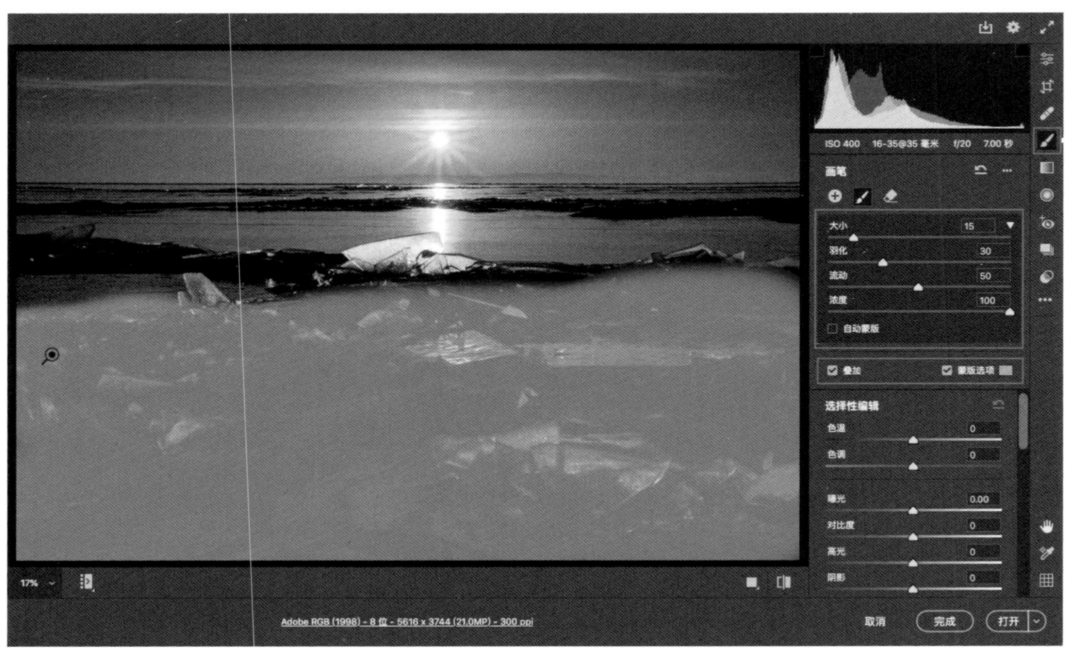


图 3-6-16　受影响的区域

图 3-6-17　使用吸管工具缩小选择范围

图 3-6-18　取消“蒙版选项”继续调整画面

图 3-6-19 原图（上图，拍摄者：陈湖心）与局部明暗调整后的效果对比图

一个涵盖蓝色的调整区域，然后将“叠加”和“蒙版选项”勾选上，图 3-6-16 中，绿色覆盖的区域即为受到影响的区域。

在“范围蒙版”选项中选择“颜色”，运用吸管工具在图片中点击（吸取）冰块的蓝色，然后将“色彩范围”的数值调整成为 20，如图 3-6-17 所示。此时，绿色所涵盖的区域减少，部分橙色的冰块未被选中，即冰块中的蓝色全被选中。

将“蒙版选项”取消，以便于调整观察，如图 3-6-18 所示。将“曝光”数值调整为 +1.50，“阴影”数值调整为 +25。这样一来，图片中的蓝色区域就被提亮了。由于提亮画面会降低颜色的饱和度，所以要在提亮画面的同时适当增加蓝色区域的饱和度。调整前、后的图片如图 3-6-19 所示。

“范围蒙版”中的“明亮度”模式主要是让调整效果仅对所设置的亮度区域起作用。“明亮度”界面中分别设置有“可视化亮度图”“亮度范围”“平滑度”3 个选项。“可视化亮度图”主要是使图片以黑白的方式呈现，以便于查看图片的亮度信息，红色区域是被影响的区域，其默认状态下，“可视化亮度图”处于不勾选的状态。

“亮度范围”调整控件主要控制选取明亮度的影响范围，左侧滑块最小值为 0，最大值为 95，默认值是 0，将左侧滑块向右拖拽，数值会逐渐变大，我们会观察到画面中的影响区域由暗部区域向亮部区域缩小。右侧滑块的最大值为 100，最小值为 5，默认值是 100，将右侧滑块向左拖拽，数值会逐渐变小，我们会观察到画面中的影响区域由亮部区域向暗部区域缩小，如图 3-6-20 所示。在实际操作中我们可以运用“亮度范围”吸管在图片中进行明亮度取样，然后再运用调整控件精确地控制明亮度取样的范围值。为了查看选中的区域，我们需要按住 Alt（Windows）/Option（Mac OS）键，同时拖动“亮度范围”滑块，图片便会以黑白形式呈现。白色代表受影响的区域，黑色代表不受影响的区域，我们便可以清晰地观察到受影响的区域，按 Esc 键即可退出明亮度取样。同时，我们还可以结合“平滑度”来控制调整选区和未调

图 3-6-20 “亮度范围”调整控件

整选区的自然过渡。“平滑度”数值越小，过渡就显得越生硬；数值越大，过渡就越自然。同样，我们可以按 Alt（Windows）/ Option（Mac OS）键以黑白形式来查看。

图 3-6-21 中调整的图片拍摄的是大凉山的一个场景，我们可以看到画面中树的暗度不够，图片看起来灰蒙蒙的（见图 3-6-24 的上图）。这时我们可以运用“明亮度”工具选中所有的树木，再将其亮度压暗即可。

在 Camera Raw 中打开图片，并运用“渐变滤镜”工具在图片下方绘制一个覆盖整个图片的渐变滤镜，然后将“叠加”和“蒙版选项”勾选上。从图 3-6-21 中可以看出红色覆盖了整幅图片，即渐变影响到了图片的整个区域。

将“范围蒙版”选择为“明亮度”，并把“亮度范围”的右侧调整滑块向左拖拽至 22，使蒙版区域只影响到树木的灰度范围即可，如图 3-6-22 所示。

将“蒙版选项”取消，并把“曝光”数值调整为 -1.50，“阴影”数值调整为 -100，如图 3-6-23 所示。这样一来，明亮度范围控制的树木的亮度就被压暗了。与原图相比，调整后的图片画面更通透了，如图 3-6-24 所示。

图 3-6-21　使用“渐变滤镜”工具覆盖整幅图片

图 3-6-22　调整滑块使蒙版区域仅覆盖灰度范围

图 3-6-23　调整“曝光”“阴影”以减少所选范围的亮度

图 3-6-24　原图（上图，拍摄者：莫萍）与调整后的效果对比图

“范围蒙版”的“深度”模式主要是让调整效果仅对所选深度范围起作用。“深度”界面中分别设置有“可视化深度图”“深度范围”“平滑度”3个选项。“深度范围”主要控制图片中画面前后纵深的影响范围，其左侧滑块最小值为0，最大值为95，默认值是0。将左侧滑块向右拖拽时，数值会逐渐变大，则影响区域会由前向后逐渐递减。右侧滑块最大值为100，最小值为5，默认值是100，将右侧滑块向左拖拽，数值也会逐渐变小，则影响区域由后向前逐渐递减，如图3-6-25所示。在实际操作中，我们可以运用“深度范围”吸管在图片中的位置进行深度取样，然后运用调整控件控制深度取样的范围值。我们可以按住Alt（Windows）/Option（Mac OS）键的

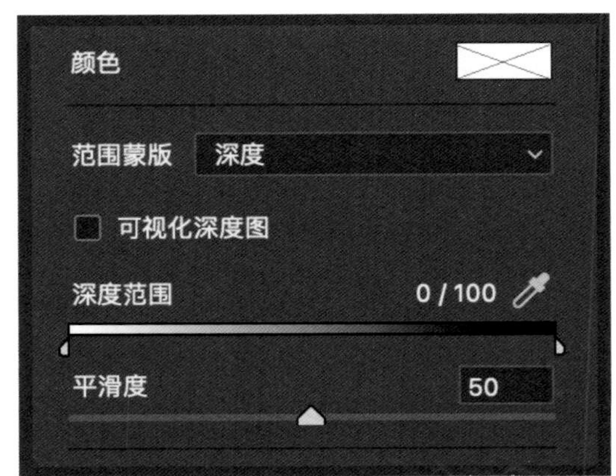


图3-6-25 颜色深度范围操作界面

图3-6-26 使用“渐变滤镜”工具覆盖整幅图片

图 3-6-27　使用“范围蒙版”的“深度”调整画面

图 3-6-28　运用“色温”“色调”“曝光”等调整滑块将背景压暗并调成冷色调

图 3-6-29　原图（上）与调整后的效果对比

同时移动“深度范围”滑块，图片就会以黑白的效果呈现。其中白色代表受影响的区域，黑色代表不受影响的区域，如此一来，便可以达到精确控制图片中的某个区域的目的，按 Esc 键即可退出明深度取样。“可视化深度图”和“平滑度”两个调整选项与前文一致，不再做介绍。

由于“深度”模式是通过计算图片中的深度信息来获得调整区域的，所以在使用时，其只支持嵌入了深度数据的图片。目前此工具仅适用于手机 iPhone 7 版本以上的人像模式拍摄的 HEIC 文件。如果图片没有可用的深度信息，则“深度”选项不可用。

接下来我们看到的调整图片拍摄的是抗美援朝老兵在分享战争故事时的场景，因为拍摄者是用 iPhone pro 手机的人像模式拍摄的，图片文件为 HEIC 格式，所以图片中包含深度信息。在后期中，我们可以运用“深度”工具将画面的背景光线压暗，同时将背景颜色调整为偏冷色，不仅可以使人物突出，还能形成冷暖对比的关系。

在 Camera Raw 中打开图片，并运用“渐变滤镜”工具在图片下方绘制一个覆盖整幅图片的渐变滤镜，然后将“叠加”和“蒙版选项”勾选上，以便于我们对所影响区域的观察，如图 3-6-26 所示。

将“范围蒙版”选择为“深度”，并把“深度范围”的左侧调整滑块向右拖拽至 70，使蒙版区域只影响到人物后面的部分，如图 3-6-27 所示。

将“蒙版选项”取消，并把“曝光”数值调整为 -2.00，“高光”数值调整为 -45，“白色”数值调整为 -45，这样即可将人物背景压暗。为了使人物更加突出并和背景形成冷暖色关系，我们将“纹理”数值调整为 -100，“清晰度”数值调为 -60，如此操作可以使背景更加柔和。接下来，我们将“色温”数值调整为 -70，“色调”数值调整为 -30，就可以将背景的颜色调整为偏蓝的冷色。于是，背景颜色便可和人物的颜色形成冷暖关系了，如图 3-6-28 所示。经过一番调整后，我们可以看到画面中的人物更突出，层次感更强了，如图 3-6-29 所示。

**【思考与练习】**

1. 请说出影调的种类和特征。
2. 如何运用明暗调整工具将图片调整为 9 种类型的影调？
3. 请在后期调整软件中尝试为图片改变不同的影调，并从中选出自己最喜欢的风格。

Chapter

# 第四章　RAW 图像颜色调整

4

**【学习目标】**

1. 了解色相、饱和度及明度的定义和关系，并熟练运用相应工具对画面颜色进行调整。

2. 了解色彩三原色的关系，并熟练运用相应的工具对画面颜色进行调整。

3. 掌握画面中颜色整体调整和局部调整的工具运用及其原理。

颜色的运用是摄影创作中非常重要且不可回避的问题。在没有彩色胶片的时期，摄影人可以不用过多考虑颜色的处理，而只需关注光影、叙事、构图等要素。但是在数码摄影时代，颜色的处理就变成每个摄影人所必须要解决的问题。相对于明暗调整而言，颜色调整要更复杂、更难理解。

本章详细介绍了数码后期颜色处理环节中 HSL 颜色处理模式和 RGB 颜色处理模式的差异和优劣，并对其相应的应用工具进行分类和详解，以帮助大家在后期颜色处理时对操作工具有更好的理解和有效的运用。同时本章还对颜色的色相、饱和度、明度间的关系进行梳理，以便大家在后期颜色处理或分析图片时可以有参考的依据，同时，也为一部分不知道为画面调配什么颜色、怎么调配，以及如何使画面中各种颜色合理、和谐地呈现的朋友指明了方向。

# 第一节　色相、饱和度、明度

其实后期颜色调整主要是在调整颜色的色相、饱和度和明度，运用色相之间的转换使图片中的颜色种类减少，从而达到画面色调统一和谐，运用饱和度和明度的高低程度来表现主次关系和画面层次等。

## 一、色相的定义及不同色相的关系

色相、饱和度、明度即色彩三要素，也是根据人的主观感受对颜色所做的描述。色相就是色彩的相貌，色彩之间的差异主要是靠色相来分辨，比如红色的苹果、绿色的树叶，红色和绿色就是颜色的色相。日常摄影创作中所面对的场景色彩是非常丰富的，色彩丰富的图片并不适合所有的创作需求，有时图片中的色彩过于丰富会让图片显得杂乱、色调不突出、颜色搭配不协调等，所以在后期颜色调整中需要对各个颜色的色相进行转换，运用色相之间的关系来对图片颜色进行调整。

色相可以分为冷色和暖色，在色相环的划分中，由紫蓝色到青绿色的部分被定义为冷色。冷色给人一种清新、自然、舒适、收缩的视觉感受，相对于暖色来说，冷色不易造成视觉疲劳。在色相环中，由品红色、红色再到黄色的部分被定义为暖色。暖色给人一种暖意、热情、积极向上的视觉感受。当图片中出现两种或两种以上颜色时，就比较容易形成冷色和暖色之间的对比关系，冷暖的颜色对比关系是摄影创作中比较常用的一种颜色关系。除了冷暖色系关系外，不同色相间还有着邻近色、中差色、对比色、互补色等关系。以色相环为参考标准，在色相环上相隔 30° 的两种颜色称为邻近色。邻近色的色相对比较弱，若画面中的颜色为邻近色，则画面的整体色调比较统一，主色调比较突出，色差小，能给人一种单纯、柔和、稳定的感觉。色相环上相隔 90° 的两种颜色称为中差色。中差色的色彩对比效果明显，颜色对比既有力度，又不失调和感。相对邻近色而言，中差色的画面颜色对比要稍显活跃。色相环中间隔 120° 的两种颜色则称为对比色，两种颜色相隔 180° 则为互补色。对比色和互补色的色相对比强烈，是具有感官刺激性的色彩组合。相对于邻近色和中差色而言，对比色和互补色的色相对比要更鲜明、强烈，容易使人兴奋、激动，同时也容易造成不安定、不协调以及视觉疲劳的视觉感受。如图 4-1-1 所示。

色相关系的处理在后期颜色处理中占的比重比较大，大部分的颜色处理都是在

# 第二节　色相、饱和度、明度工具的应用

人们通常通过色相、饱和度和明度 3 个方面来感知多彩的世界，因此在拍摄的图片中直接运用色相、饱和度、明度工具对图片颜色进行调整即可。Camera Raw 中的“混色器”调整工具就是依照色相、饱和度、明度的调整方式进行设置的。

在“混色器”调整选项的下拉菜单中，从上到下分别为“调整”“目标调整工具”“色相”“饱和度”“明亮度”“全部”6 个调整工具。“调整”下拉菜单中有两种选择，一种是“HSL”调整模式，一种是“颜色”调整模式。HSL 模式中的“H”“S”“L”分别是色相（Hue）、饱和度（Saturation）和明度（Lightness）的首字母缩写。HSL 调整模式界面从左到右有“色相”“饱和度”“明亮度”及“全部”4 个选项。“色相”“饱和度”“明亮度”是要调整的内容选项，在这几个内容选项下方从上到下分别为红色、橙色、黄色、绿色、浅绿色、蓝色、紫色、洋红 8 个调整控件，可以在选择调整内容选项后，拖拽其中一个或者几个调整控件滑块来对图片中的色相、饱和度或者明亮度进行调整。调整控件的最小值为 -100，最大值为 100，默认值为 0，每个色相条的首尾颜色是相连的，如红色调整控件最右侧（即数值为 100 处）的颜色和橙色调整控件最左侧（即数值为 -100 处）的颜色是相连的。

在操作中，如果很难判断某些颜色是由选项卡中的哪几种颜色组成的，可以借助“调整”模式中的“目标调整工具”来进行识别，操作时只需在所选的颜色中长按鼠标左键，并左右拖拽即可。“目标调整工具”选项工具会根据吸取的颜色样本直接定位与所选颜色的相关颜色滑块进行调整，使用该工具时，要确认当前处于哪项调整内容。

“颜色”调整模式和“HSL”调整模式的工具一致，只是“HSL”调整模式把“色相”“饱和度”和“明度”的调整界面放在了一起，不做单独显示，而“颜色”调整模式是把红、橙、黄、绿、浅绿、蓝、紫和洋红 8 种颜色单独用圆形色环标识出来，需要选择调整颜色后再调整选中颜色的色相、饱和度和明亮度。操作时，我们尽可以根据自己的喜好来切换，如图 4-2-1 所示。与其他颜色调整方式不同的是，“混色器”调整选项只能调整图片现有的色彩，而不能通过改变通道中的颜色分布来实现颜色调整。

图 4-2-2 是一幅拍摄于海拉尔的风景图片，作者原本是打算去拍草原秋景的，由

图 4-2-1 “HSL”调整模式和“颜色”调整模式界面

于去的时间不合适，所以没能达成心愿。为了满足自己的心愿，在后期颜色调整中，可以运用色相的转变，把夏天的草原调整为秋天的草原。而要把图片变成秋天的场景，只需要把画面中的绿色草原变成金黄色即可。

在 Camera Raw 中打开图片并点开“混色器”调整选项下拉菜单，选择“色相”调整选项，将黄色调整滑块向左侧拖拽，把黄色向橙色调整；再将绿色调整滑块向左侧拖拽，把绿色向黄色调整（图 4-2-3），这样就可以把画面中的黄色和绿色调整成橙黄色，而没有被调整的颜色不会改变。

在运用色相调整工具时，如果色相调整的跨度较大或者比较频繁，图片中的颜色容易出现色相断层，导致颜色和颜色之间的过渡不自然，因此在后期色相调整时要注意度的把握。接下来，我们用一个案例演示关于饱和度调整的工具运用。

图 4-2-4 拍摄的是一位老人坐在堂屋门前缝衣服的场景。整幅图片的光线、叙事和氛围抓拍得比较恰当，但是画面中出现的颜色种类偏多，部分颜色的饱和度偏高，会干扰到图片中的主要视觉点，如老人背后的编织布、小孩的衣服和单车车轮的颜色。在后期颜色调整过程中，我们可以把这几个颜色的饱和度适当降低，然后把老人肤色的饱和度适当提高，运用颜色饱和度的高低关系来弱化图片中的干扰色，达到强化图片主体的作用。

在 Camera Raw 中打开图片并点开“混色器”调整选项下拉菜单，选择“饱和度”调整选项，将洋红、蓝色、浅绿色、绿色的饱和度降低，然后把红色、橙色、黄色的饱和度增加，如图 4-2-5 所示。这样就可以把干扰主体颜色的洋红、蓝色、浅绿色、绿色弱化，进而使图片的主体颜色得以强化了。干扰色饱和度的降低、主体颜色饱和度的强化不仅使图片颜色更加统一，而且在视觉的主次关系上也更显突出。

在后期颜色调整的过程中，有时候“色相”调整滑块受到调整跨度的限制，不能把要统一的颜色进行色相转换。这时可以通过降低该颜色的饱和度来实现色调统一的效果。接下来，我们用案例来演示一下色相、饱和度、明度工具的综合运用效果。

还是使用图 4-2-2 海拉尔风景的那幅

图 4-2-2　海拉尔风景原图

图 4-2-3　调整色相后的图片效果

图 4-2-4　老人缝衣服原图（拍摄者：钟海明）

图 4-2-5　调整饱和度后的图片效果

图片，前面的案例是用改变色相来模拟秋天草原的效果，下面这个案例则是通过调整饱和度和明度的方式来模拟冬天草原的效果。此案例的调整思路是把草地变成白色，天空和马的颜色保留即可。

在 Camera Raw 中打开图片，并在“混色器”下拉菜单中选择“饱和度”选项，将黄色和绿色调整滑块的数值调整成 -100，这时图片中的草地就变成了灰色，天空、湖面和马的颜色并没有被影响，如图 4-2-6 所示。由于草地的绿色中还混有部分黄色，所以也需要将黄色调整为无色。将绿色和黄色调整为无色之后，草地的绿色就变成了灰色，并没有达到白色雪地的效果，这时候只需要将黄色和绿色的明度调亮即可。

选择“明亮度”调整选项，将黄色和绿色调整滑块的数值调整成 +100，这样一来，原来灰色的草地就得以提亮，接近雪地的效果了，如果觉得还不够白，可以运用曝光调整工具增加曝光，如图 4-2-7 所示。此时草地虽然亮了起来，但是天空的颜色比较浅，层次不是很明显，可以把天空颜色的明度值适当降低，这样天空的层次就会得到较好的改善。

选择“明亮度”调整选项，将浅绿色、蓝色和紫色的明亮度降低，这样，天空青

图 4-2-6 调整饱和度后的图片效果

蓝色的明度就被降低下来，天空的层次也就更突出了，如图 4-2-8 所示。如果在调整的时候幅度过大，会导致天空的云彩出现颜色断层的现象，所以在操作的时候要注意对调整度的把握，或者在后续操作中对其进行修正。

色彩的明度不仅仅只运用在颜色调整上，在调整灰度图片时也经常会用到。在 Camera Raw 的基本编辑菜单中有一个“黑白”编辑模式，选中此编辑模式后，图片就会变成灰度图片，但是各种颜色的明度属性均会被保留，因此可以通过改变颜色的明亮度数值来对图片进行明暗分布的调整，让图片影调突出，明暗分布更有层次。

在 Camera Raw 中打开图片，并在“编辑”选项中选择“黑白”模式，这时我们可以看到在“黑白”编辑模式下的“混色器”变成了“黑白混色器”，如图 4-2-9 所示。此时我们可以通过拖拽“黑白混色器”下的颜色调整滑块进行颜色的明亮度调整。图片在变成灰度图片后，虽然明暗层次和影调都不错，但是图片的黑白影调不够突出，反差不明显，画面整体偏灰。

在“黑白混色器”下拉菜单中将黄色、绿色、浅绿色和蓝色的明亮度提亮，于是图片中除了马之外的颜色都被提亮了，之前颜色偏灰、影调不明显的图片就被调整成了一幅高长调风格的黑白图片，如图 4-2-10 所示。

图 4-2-11 是同一幅彩色图片在“黑白”编辑模式下，通过调整颜色明度分布来实现灰调、亮调、暗调 3 种不同影调的效果对比。虽然“黑白”编辑模式在调整图片黑白影调上效果明显，但是并非适合所有类型的图片。应用在颜色属性比较突出的图片中效果会比较理想，对颜色属性不明显的图片则效果很一般，所以运用此调整方式时要注意图片的选择。

图 4-2-7　调整明亮度后的图片效果

图 4-2-8　调整天空明亮度后的图片效果

图 4-2-9　在“黑白”编辑模式下调整图片

图 4-2-10　在“黑白”编辑模式下调整图片颜色的明亮度

原　图　　灰　调

亮　调　　暗　调

图 4-2-11　原图及 3 种不同影调的效果对比

# 第三节　色彩三原色

“混色器”是直接对颜色的色相、饱和度、明度进行调整的，简单、实用、易操作。但是也存在不足之处，比如调整色相的范围有限、色相容易出现断层等问题。在 Camera Raw 的颜色调整工具中还有另一种颜色调整方式，即通过改变颜色通道中的颜色分布来实现颜色调整。通过通道中的颜色叠加混合来改变颜色需要掌握颜色的叠加原理、颜色关系的相关知识，接下来我就为大家介绍一下色彩混合的相关知识。

我们日常看到的颜色是由三原色混合而成的。三原色是指色彩中不能再被分解的基本色。原色可以混合成其他颜色，而其他颜色却不能还原出原色。三原色分为色光三原色和色料三原色两种。色光三原色由红色（Red）、绿色（Green）、蓝色（Blue）3 种颜色组成，也就是后期制作软件中描述颜色的 RGB（R、G、B 分别是红、绿、蓝 3 种颜色的英文单词首字母）。色光三原色主要运用在发光的显示设备上。运用色光混合原理，把色光的 3 个基本色通过加法混合而成各种颜色。色料三原色由青色（Cyan）、品红色（Magenta）、黄色（Yellow）3 种颜色组成，由于色料三原色在实际运用中不能混合得到纯黑色，所以在印刷中需要单独设置黑色（Black），也就是 CMYK 四色印刷（前 3 种颜色分别取颜色的英文首字母来表示，最后一种颜色使用其英文的最后一个字母来代表）。色料三原色是以颜料、涂料、油漆、油墨等一些不发光物体的青色、品红色、黄色色料为基础的三原色，可以两两混合而成多种多样的颜色，纯黑色除外。

在色光三原色模式（RGB 色彩模式）下，软件中是用 0—255 的数值来描述颜色的。当三原色中红、绿、蓝为最大值 255 时，三者叠加可得到白色（255、255、255）；当三原色中红、绿、蓝为最小值 0 时，三者叠加可得到黑色（0、0、0）；当三原色中红色和绿色为最大值 255 时，两者叠加会得到黄色（255、255、0），黄色是色料三原色之一，其补色为蓝色。同理，我们可以得出绿色和蓝色相加得到青色，青色是色料三原色之一，其补色为红色。红色和蓝色相叠加可得到品红色，品红色是色料三原色之一，其补色是绿色。三原色的不同比例相加便组合成了我们肉眼所见的丰富色彩。

在色料三原色模式（CMY 色彩模式）下，软件中是用 0—100% 的百分比数值来描述颜色的。当色料三原色中的青色、品红色、黄色为最大值 100% 时，三色相加可得到黑色（100、100、100）。然而这只是个理论值，实际情况混合而成的黑色并不纯正，所以在印刷中我们又用了单独的纯黑色。当色料三原色中青色、品红色、黄色为最小值 0 时，三色相加得到白色（0、0、0）。当色料三原色中青色和黄色值为最大值 100 时，两者相加会得到绿色，绿色是光学三原色之一，其补色为品红色。同理，我们可以得出青色和品红色相叠加得到蓝色，蓝色是光学三原色之一，其补色为黄色。品红色和黄色相加得到红色，红色为光学元三原色之一，其补色为青色。通过上面的描述不难看出色光三原色和色料三原色之间相互转换的关系，如图 4-3-1 所示。

虽然图 4-3-1 标注的颜色之间的转换比较清晰，但是在实际操作中我们还需要一个间色作为转换颜色。以色光三原色模式为操作标准，比如要把绿色转换成红色，那就需要减少绿色，然后再减少蓝色、增加红色，这样才能把绿色通过颜色的添加或者减少来转换成另外一种颜色，相对于前面的色相、饱和度、明度直接调整方式来说，这种方式稍微有点难理解。当然，在操作中除了要记住颜色的混合原理外，还需要对工具的应用进行分类选择。Camera Raw 中除了“混色器”对单色调整外，还分为颜色全局调整工具和局部调整工具。下面两节就介绍一下关于颜色全局调整和局部调整的相关知识与工具运用。

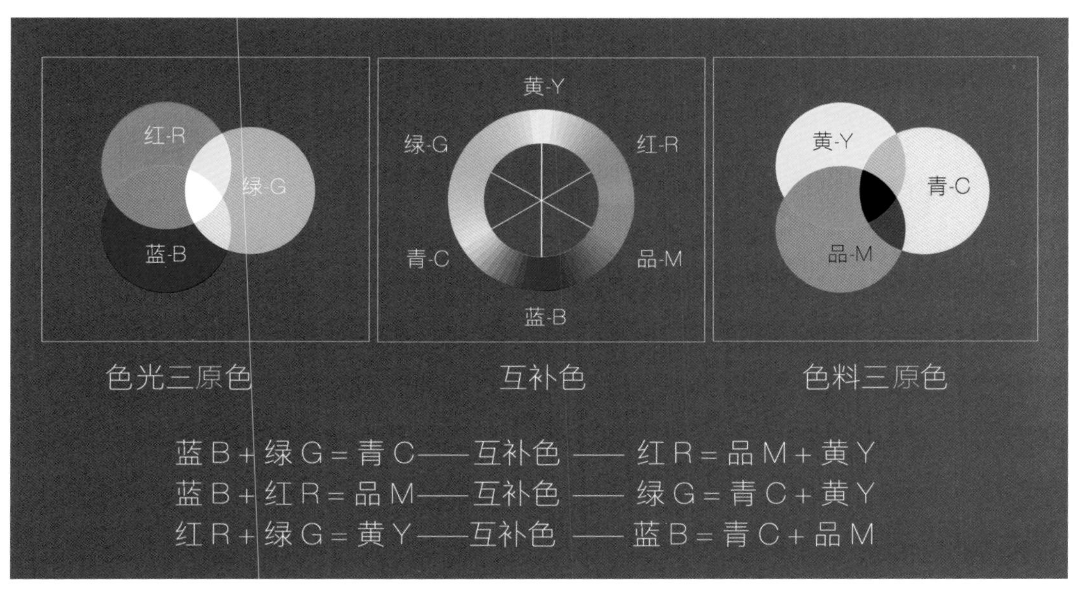


图 4-3-1　色光三原色和色料三原色之间的转换关系

# 第四节　颜色的全局调整

## 一、颜色的全局调整工具——色温、色调

在 Camera Raw 中，颜色整体调整工具分别为“色温”“色调”“曲线”“校准”这 4 个工具。在实现颜色调整的方式上分为两种：一种是对图片颜色通道中的颜色分布进行调整，使图片颜色倾向于调整后的颜色效果，让图片形成统一的色调；另一种是直接改变图片颜色中的色相，让图片中其他颜色的色相倾向于期望颜色的色相。“色温”“色调”“曲线”是通过调整图片颜色通道中的颜色分布来实现颜色调整的，“校准”则通过改变颜色的色相来实现色相的转换。

“色温”和“色调”除了之前介绍用来校正画面白平衡之外，还可以用于色调调整。在调整控制界面上，将“色温”调整滑块向左拖拽，图片颜色会向蓝色偏移；向右拖拽，图片颜色会向黄色偏移。将“色调”调整滑块向左拖拽，图片的颜色会向绿色偏移；向右拖拽，图片的颜色会向品红色偏移。在实际操作中，我们可以运用这种原理来对画面做整体颜色的调整。

图 4-4-1 调整的图片拍摄的是秋季日落的场景。原本拍摄者想要拍出芦苇和整幅画面的光线呈现出一派金黄色的画面，但是由于拍摄时光线的问题，造成画面颜色不饱和，图片金黄色的色调没有得到突出，在后期的颜色调整中，我们可以运用“色温”和“色调”两个调整工具来对图片的色调加以调整。

在 Camera Raw 中打开图片并选择“编辑”菜单（快捷键 E），在“编辑”界面的“基本”界面中找到“色温”“色调”两个调整工具。从图 4-4-1 中，我们可以看到图片拍摄时的色温、色调值分别为 4400 和 -7。

将“色温”调整滑块向右拖拽至 16000，使图片中的颜色倾向于橙黄色，如图 4-4-2 所示。调整完成后，原图色调不突出、颜色不统一的现象就得到了统一和强化，整个画面的色调更接近秋天日落黄昏的氛围。

“色温”和“色调”两个调整工具除了能直接调整画面的蓝色、黄色、绿色、品红色之外，它还可以通过增减互补色的方法对画面颜色进行调整，如蓝色和黄色互为补色，蓝色通道控制蓝色和黄色；绿色和品红色互为补色，绿色通道控制绿色和品色等。这样一来，我们便可以运用通道中的颜色叠加原理把图片中的颜色调整出多种色调，

图 4-4-1　在“编辑”菜单下调整“色温”和“色调”

如蓝色、黄色、绿色、品红色，再如蓝色叠加绿色可调出青色，黄色叠加品红色可调出橙色等色调，如图 4-4-3 所示。

虽然“色温”和“色调”两个调整工具对整体色调的调整效果明显，操作简单易用，但是此方式调整出来的色调过于统一，色相对比弱，颜色层次单一。此外，“色温”和“色调”的调整会对图片整体进行颜色调整，包含图片中的白色和黑色。这样一来，调整出来的颜色在细节呈现上就会出现不自然的问题，而曲线调整与之相比，则更具有可控性。

## 二、颜色的全局调整工具——曲线

Camera Raw 的“曲线”调整界面中从左到右分别为“参数曲线”“点曲线”“红色通道曲线”“绿色通道曲线”“蓝色通道曲线”和“目标调整工具”6 种调整模式。“参数曲线”和“点曲线”主要用来调整图片中的明暗分布（前文有介绍，在此不做详解）。“红色通道曲线”“绿色通道曲线”和“蓝色通道曲线”是通过红色、绿色、蓝色这 3 根曲线控制三原色在颜色通道中的分布比例和强度来实现对颜色的调整。当红色通道的曲线向上调整时，图片整体颜色会往红色偏移，向下调整时图片整体

图 4-4-2　调整“色温”后的图片效果

图 4-4-3　通过“色温”“色调”工具为图片调整各种色调

颜色会往青色偏移；将绿色通道曲线向上调整时，图片整体颜色会往绿色偏移，向下调整时图片整体颜色会往品红色偏移；将蓝色通道曲线向上调整时，图片整体颜色会往蓝色偏移，向下调整时，图片整体颜色会往黄色偏移，如图 4-4-4 所示。“绿色通道曲线”“蓝色通道曲线”控制的颜色和“色温”“色调”控制的颜色一致，只是在调整时，“色温”“色调”是对图片进行全局调整，但颜色通道曲线只是在局部影响较大，没有选择的区域不会受到影响。

从图 4-4-4 中可以看出，颜色曲线控制的 6 种颜色中，红、绿、蓝是色光三原色，青、品红、黄是色料三原色，按照颜色的混合原理，若想调出某一种颜色，可以通过两种方式实现：一是通过上扬曲线控制的色光三原色进行混合，另一种是通过下压曲线控制的色料三原色进行混合，只是上扬曲线所调出来的颜色偏亮，而下压曲线所调出来的颜色偏暗。

图 4-4-5 拍摄时由于天气不理想，图片颜色偏灰，色调倾向较弱，从图中可以看出，图片的颜色分布大部分是灰蓝色。对此，我们在后期颜色调整中，只需把图片中原本不突出的蓝色强化，即可获得色调明显的效果。要把图片调成蓝色调，可以运用“蓝色通道曲线”工具，直接向上调整曲线，画面就可以得到偏亮的蓝色调，此外，也可以通过“红色通道曲线”和“绿色通道曲线”工具，利用下调红色通道曲线获得的青色和下调绿色通道曲线获得的

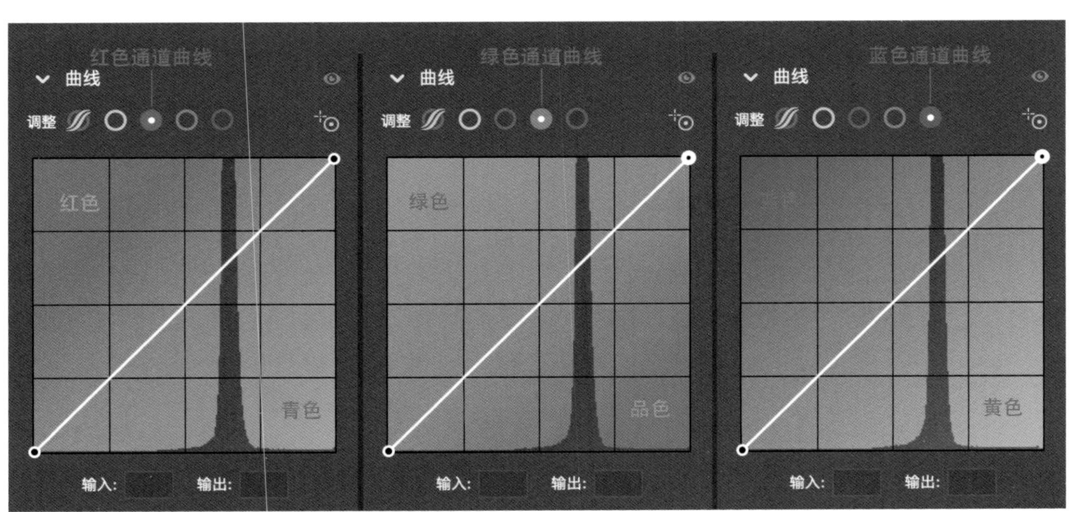


图 4-4-4　“红色通道曲线”“绿色通道曲线”“蓝色通道曲线”颜色调整图例

品红色相互叠加而得到偏暗的蓝色。

在 Camera Raw 中打开曲线界面，选择“蓝色通道曲线”，在对角线上中间区域选择创建一个调整点，然后向上拖拽曲线，曲线的数值由调整前的 80 变为 159，图片就由之前的灰色调整成偏蓝色的效果了，如图 4-4-6 所示。

除上述调整方法，还可以运用青色加品红色得到蓝色的方法来调整画面色调。选择“红色通道曲线”工具，在曲线的对角线中间区域创建一个调整点，然后将调整点向下拖拽，这时曲线的数值由调整前的 165 变为 95，与此同时，图片由之前的灰色调整成了偏青色，如图 4-4-7 所示。

接下来，我们选择“绿色通道曲线”，在对角线中间区域创建一个调整点，然后把调整点向下拖拽，这时曲线的数值由调整前的 157 变为 110，即给图片添加了品红色，品红色加青色得到蓝色，于是图片就由前一步调整而成的青色变成了蓝色调，如图 4-4-8 所示。

我们由图 4-4-9 可以看出，上扬曲线调出的蓝色偏亮，而下压的曲线调整出来的蓝色则偏暗。针对此图，偏暗的蓝色要更合适一些。一般而言，偏亮的蓝色画面通常显得比较轻浮，而偏暗的蓝色画面则显得更加沉稳厚重。相对“色温”和“色调”的调整方式，颜色曲线的调整只对图片的灰度部分进行调整，对图片的最亮区域和最暗区域没有影响，调整完成后的色调要更加协调自然。

颜色曲线除了可以进行全局颜色调整外，还可以通过控制曲线上的点来对图片的局部区域进行颜色调整。比如调整图片中暗部区域和亮部区域的颜色偏移，只需要在颜色曲线调整框中添加相对应的两个控制点即可对控制区域进行颜色调整。

图 4-4-10 拍摄的是两个小孩在木房内看书的场景，透过屋顶瓦片射入的一束束光线使画面很有氛围和节奏美感。按照受光区域偏暖色、阴影区域偏冷色的思路，可以运用颜色曲线让图片的高光区域向暖色偏移，阴影区域向冷色偏移，营造出冷暖对比的画面效果。

在“曲线”操作界面中选择“蓝色通道曲线”，并在基线的亮部区域和暗部区域各创建一个调整点，然后将控制亮部区域的控制点向下拖拽，图片中的亮部区域就会增加黄色；再将控制暗部区域的控制点向上拖拽，图片中的暗部区域就会增加蓝色，如图 4-4-11 所示。此时，基线由之前的斜线变成了 S 曲线。同时，调整后的画面与原图相比，也形成了亮部偏暖色、暗部偏冷色的冷暖色调关系。如果觉得颜色调整不理想，还可以再选择其他颜色通道曲线进行颜色叠加调整。

图 4-4-5　缺少层次感的天鹅湖原片

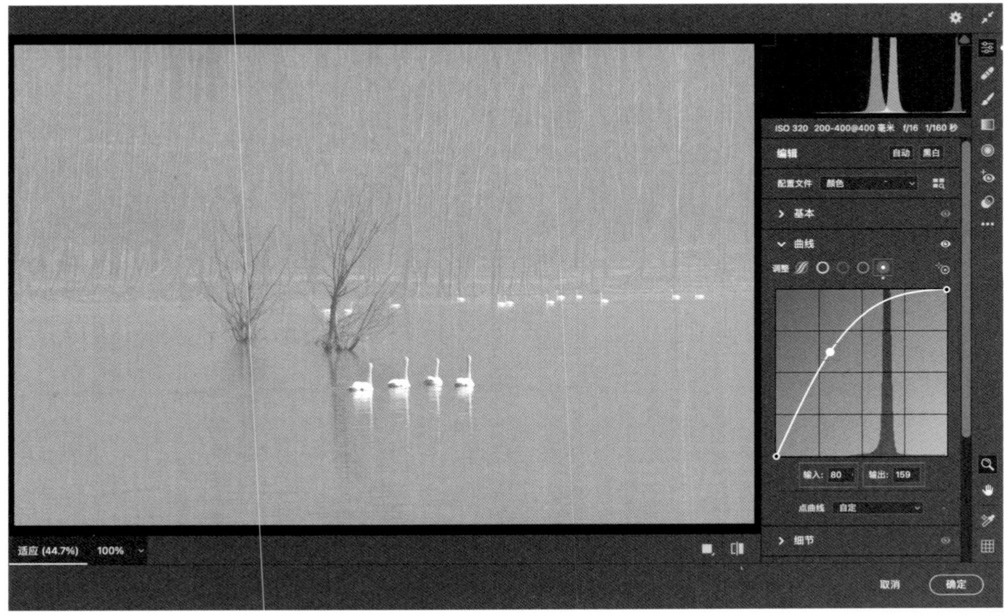


图 4-4-6　通过“蓝色通道曲线”工具调整画面色调

图 4-4-7　通过“红色通道曲线”工具调整画面色调

图 4-4-8　通过“绿色通道曲线”工具调整画面色调

“蓝色通道曲线”上扬调整效果

“红色通道曲线”加“绿色通道曲线”下压调整效果

图 4-4-9　采用上扬曲线和下压曲线调整色调的效果对比

图 4-4-10　木房中阅读的小朋友原图

图 4-4-11　通过“蓝色通道曲线”工具调整画面的效果

## 三、颜色的全局调整工具——校准

“色温”“色调”“曲线”这 3 个调整工具都是通过改变通道中颜色亮度分布的方式来对颜色进行全局调整的，在颜色全局调整工具中，还可以通过“校准”调整工具直接对图片中的一种或者多种颜色的色相、饱和度进行调整。“校准”调整工具设计的初衷是为了帮助摄影师准确地对三原色进行校准，校准相机在记录颜色信息时出现的偏差，以便获得准确的颜色，但在实际操作中可以根据颜色的变化规律对画面进行调整。

在“校准”工具栏中，从上到下分别为“处理版本”“阴影”“红原色”“绿原色”“蓝原色”5 个调整工具。“处理版本”选项一般都采用最新版本，本文选用的是“5 版（当前）”版本。“阴影”选项主要用来调整图片中暗部区域的颜色倾向，其最小值为 -100，最大值为 +100，默认值为 0。当拖拽“阴影”调整滑块向左移动时，数值会变小，图片中的暗部区域颜色会向绿色偏移，数值越小，绿色倾向的效果越明显；当拖拽“阴影”调整滑块向右移动时，数值会变大，画面较暗区域的颜色会向品红色偏移，数值越大，画面阴影区域向品红色倾向的效果越明显。

在“红原色”“绿原色”“蓝原色”3 个调整选项下，均有“色相”和“饱和度”两个调整滑块。如果“色相”调整滑块数值不变，只改变“饱和度”调整滑块的数值，那么只会对所选颜色进行饱和度的调整，数值越大，饱和度越高，颜色越鲜艳；数值越小，饱和度越低，颜色越偏灰，即使将 3 个原色的饱和度都调整 0，图片也不能实现完全去色的效果。

如果要对 3 个原色的色相进行调整，往往很难把握其变化规律。下面我们用一张 12 色色相环图来做效果演示。

将“红原色”的“色相”调整滑块拖拽至最左侧（数值为 -100）时，色相环中的红色及其邻近色会向品红色偏移，绿色（品红色的补色）、青色（红色的补色）及其邻近色会相互靠近，画面形成以品红色和青绿色为主的色调。反之，把“红原色”色相调整滑块拖拽至最右侧（数值为 +100）时，色相环中的红色及其邻近色会向黄色偏移，蓝色（黄色的补色）、青色（红色的补色）及其邻近色会相互靠近，画面会形成橙黄色和青蓝色为主的色调，如图 4-4-12 所示。

将“绿原色”的“色相”调整滑块拖拽到最左侧（数值为 -100）时，色相环中的绿色及其邻近色会向黄色偏移，蓝色（黄色的补色）、品红色（绿色的补色）及其邻近色会相互靠近，画面会形成以橙黄色和青蓝色为主的色调。反之，把“绿原色”的“色相”

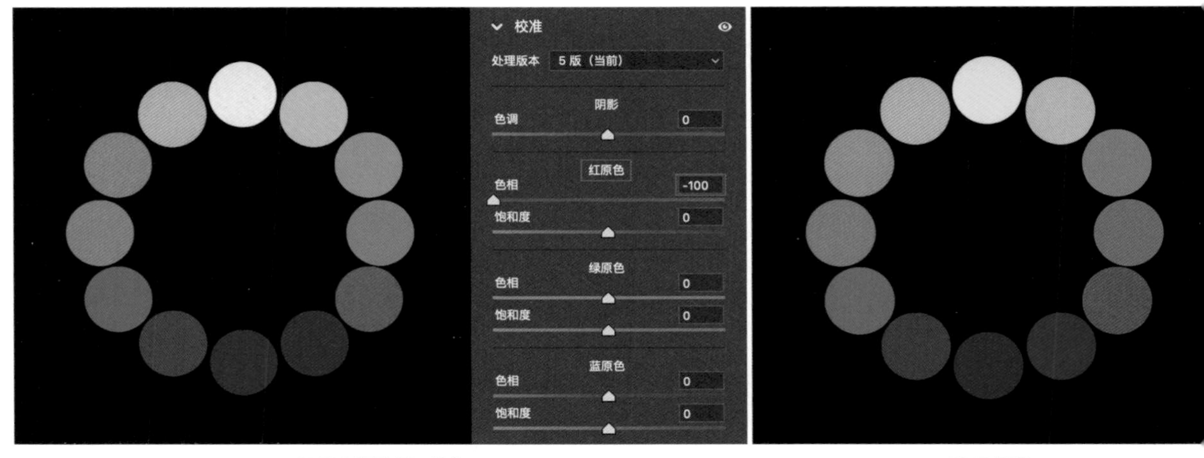


红原色调整至 -100　　12 色相环

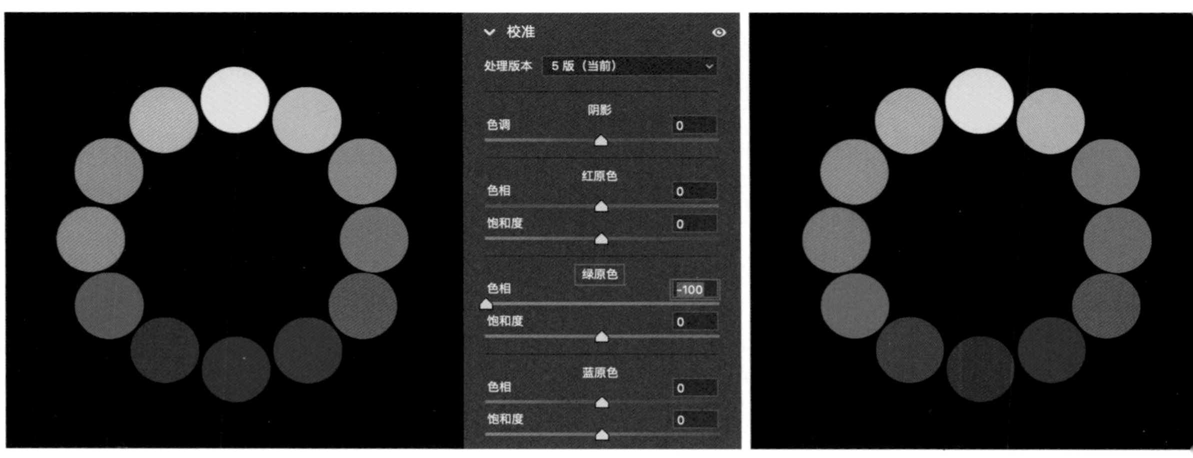


绿原色调整至 -100　　12 色相环

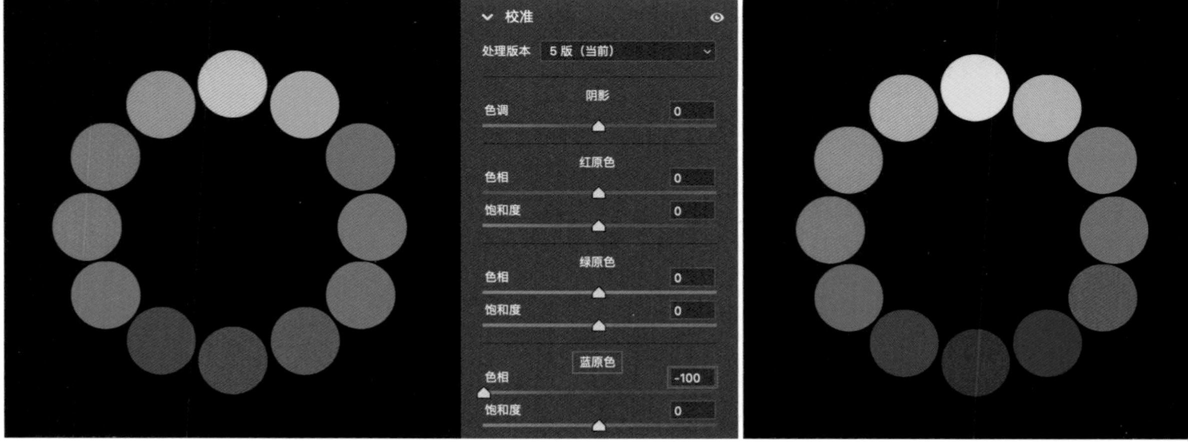


蓝原色调整至 -100　　12 色相环

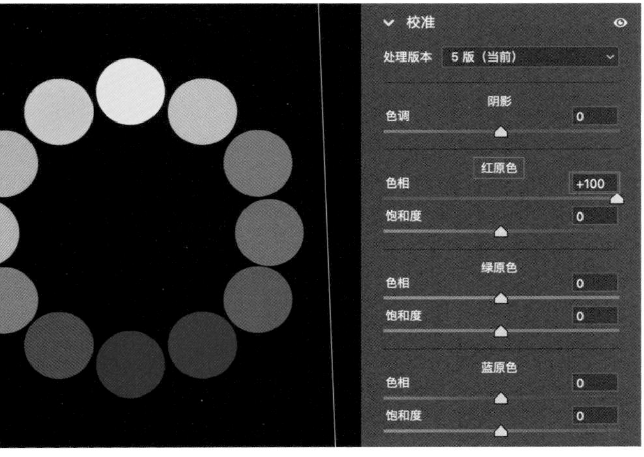


红原色调整至 +100

图 4-4-12 调整“红原色”工具中“色相”值对色相环的影响效果

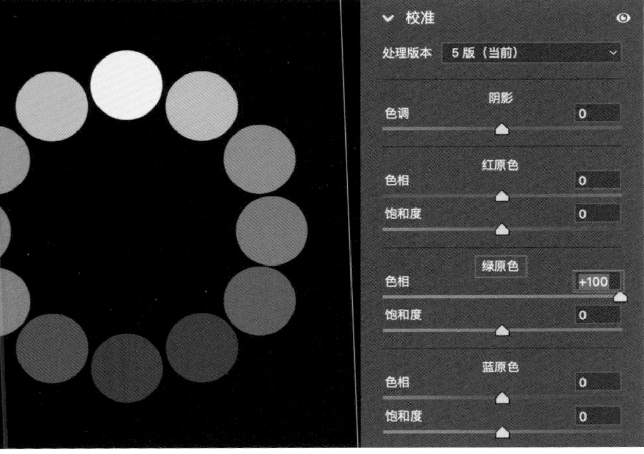


绿原色调整至 +100

图 4-4-13 调整“绿原色”工具中“色相”值对色相环的影响效果

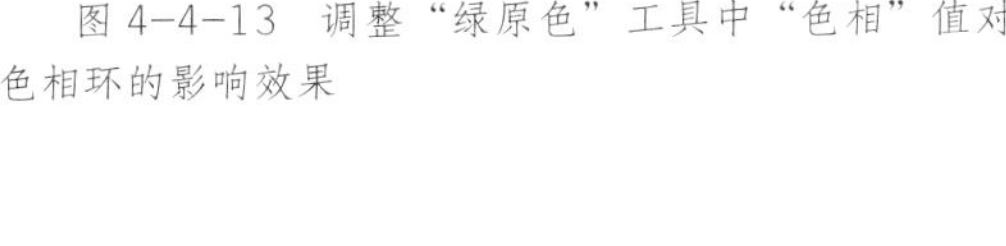

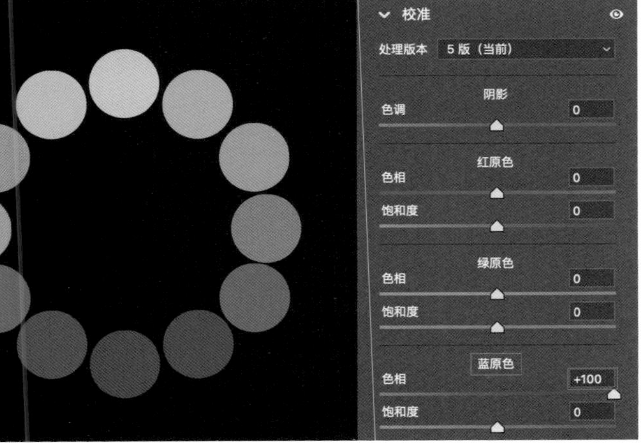


蓝原色调整至 +100

图 4-4-14 调整“蓝原色”工具中“色相”值对色相环的影响效果

调整滑块拖拽到最右侧（数值为 +100）时，绿色及其邻近色会向青色偏移，红色（青色的补色）、品红色（绿色的补色）及其邻近色会相互靠近，画面会形成以橙红色和青绿色为主的色调，如图 4-4-13 所示。

将“蓝原色”的“色相”调整滑块拖拽到最左侧（数值为 -100）时，蓝色及其邻近色会向青色偏移，红色（青色补色）、黄色（蓝色的补色）及其邻近色会相互靠近，画面会形成以橙红色和青绿色为主的色调。反之，把“蓝原色”的“色相”调整滑块拖动到最右侧（数值为 +100）时，蓝色及其邻近色会往品红色偏移，绿色（品红色的补色）、黄色（蓝色的补色）及其邻近色会相互靠近，画面会形成以品红色和绿黄色为主的色调，如图 4-4-14 所示。

从上面的 3 个调整效果可以看出，当某个原色的色相往其中一种颜色偏移时，这个颜色的相邻色就会往这种颜色偏移，同时，这种颜色的互补色和原色的互补色就会相互靠近，原本的图片中的颜色种类会减少，色调会被统一。运用这个规律，我们可以快速轻松地把画面色彩进行统一，而且能使颜色过渡得较自然，且无色相断

图 4-4-15　通过“红原色”工具滑块调整图片色调

层的问题，很多电影海报、网红色调都可以用“校准”调整工具实现。接下来，我们用一个案例演示青橙色调的调整。

接下来我们调整的这幅图片拍摄的是凤凰古城的夜景，图片的主要颜色为蓝色、黄色、红色，如果要调整为青橙色调效果，只需要把蓝色调为青色，红色和黄色调整为橙色即可。首先在 Camera Raw 中打开图片，并把“校准”调整选项界面点开。

按照上面的调色思路，将“红原色”的色相滑块向右拖拽到 80，这样，红色和黄色就被统一为橙色了，如图 4-4-15 所示。然后将“蓝原色”的色相滑块调整到 -70，蓝色就被统一成了青色。如此操作过后，图片便形成了青橙搭配的色调了。调整前后的效果对比如图 4-4-16 所示。

原　图

效果图

图 4-4-16　原图（上图，拍摄者：黄映晞）与对色调进行调整后的效果对比

# 第五节　局部颜色调整

局部颜色调整，简单的理解就是对图片中某个区域颜色的色相、饱和度、明度进行调整。在后期颜色调整中，颜色的全局调整虽然可以使画面获得不错的整体效果，但是图片中某些局部的颜色可能还需要进行细微的处理。比如颜色全局调整完成后，图片中某个区域的颜色会对图片的整体色调产生影响，出现不协调的现象，于是就需要对局部颜色予以突出或者弱化等，这时必须借助局部调整工具来对局部颜色做针对性的调整，使图片在局部颜色与整体颜色相互协调，在局部颜色的过渡和搭配方面更自然以及有主次和层次。

## 一、局部颜色调整工具分类

在 Camera Raw 中，局部颜色调整分为两种，一种是借助局部调整工具绘制局部调整区域，然后通过颜色调整工具来对其颜色进行调整。其调整工具主要有“调整画笔”（快捷键 K）、“渐变滤镜”（快捷键 G）、“径向滤镜”（快捷键 J）。运用局部工具绘制调整区域，再通过“色温”“色调”和“色相”调整工具对局部颜色进行调整。另一种是通过局部颜色调整工具给调整区域添加颜色来实现颜色调整，其主要工具为“颜色分级”，运用“颜色分级”分别对图片中的暗部区域、中间灰区域及亮部区域进行颜色调整。

## 二、局部颜色调整工具——颜色分级

“颜色分级”在 Camera Raw 的旧版本中名为“色调分离”。在“颜色分级”调整界面中，从左至右分别为“三项模式”“阴影”“中间调”“高光”“全局”5 个调整模式。在“三项模式”操作界面中，从上到下分别为“中间调”“阴影”“高光”3 个色轮和“混合”“平衡”两个调整滑块，“中间调”“阴影”“高光”中的每个色轮分别作用于图片中的中间调区域、阴影区域和高光区域，拖拽色轮中的圆点即可为图片的中间调、高光、阴影添加颜色，圆点越往色轮边缘靠近，所添加颜色的饱和度就越高。同时，还可以通过色轮下方的“明度”调整滑块调整添加颜色的明亮度，如图 4-5-1 所示。

“混合”和“平衡”调整滑块主要用以混合并平衡阴影、中间调和高光之间的影响。“混合”调整滑块主要控制添加颜色对图片影响的强弱程度，最小值为 0，最大值为 100，默认值为 50。拖拽“混合”调

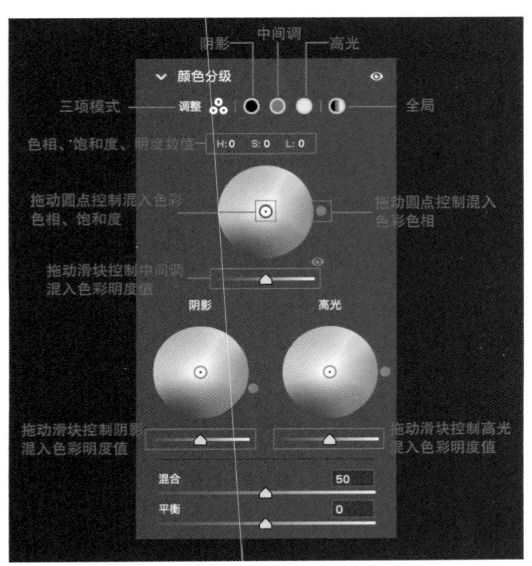


图 4-5-1 “颜色分级”调整界面

整滑块向左移动，数值变小，所添加颜色对画面的影响程度逐渐减弱；拖拽调整滑块向右移动，则数值变大，所添加颜色对画面的影响程度逐渐增强。“平衡”调整滑块主要控制所添加颜色对图片的影响区域，最小值为 -100，最大值为 +100，默认值为 0，拖拽“平衡”调整滑块向左移动，数值变小，所添加颜色影响的区域会向亮部区域偏移；拖拽调整滑块向右拖拽，则数值变大，所添加颜色影响的区域会向暗部区域偏移。下面以案例加以演示说明。

在 Camera Raw 中打开一幅由白色向黑色过渡的灰度图片，然后将“中间调”色轮的调整点向红色区域拖动，给图片中间调添加红色，此时“混合”调整滑块的默认值为 50，图片中的中间调被添加上了红色，如图 4-5-2 所示。默认值影响图片的中间调区域。

拖拽“混合”调整滑块至最左端（数值为 0），相对默认值 50 而言，“混合”调整滑块数值为 0 后，红色对中间调的影响会相对减弱，如图 4-5-3 所示。

拖拽“混合”调整滑块至最右端（数值为 100），相对默认值 50 而言，“混合”调整滑块数值为 100 后，红色对中间调的影响会得到增强，如图 4-5-4 所示。

当“混合”调整滑块恢复为默认值 50 时，拖拽“平衡”调整滑块至最左端（数值为 -100）时，相对“平衡”调整滑块的默认值 0 而言，“平衡”调整滑块的数值调整为 -100 后，红色影响区域会向图片的亮部区域偏移，如图 4-5-5 所示。

拖拽“平衡”调整滑块至最右端（数值 +100）时，相对默认值 0 而言，数值调整为 +100 后，红色影响区域向图片的暗部区域偏移，如图 4-5-6 所示。

“高光”“中间调”“阴影”3 个调整模式主要是把“三项模式”中的“阴影”“中间调”和“高光”的调整界面单独显示出来，从上到下分别为调整色轮、“色相”、“饱和度”、“明亮度”、“混合”和“平衡”6 个调整选项。这 3 种调整模式既可以单独运用色轮调整，也可以结合色轮下方的“色

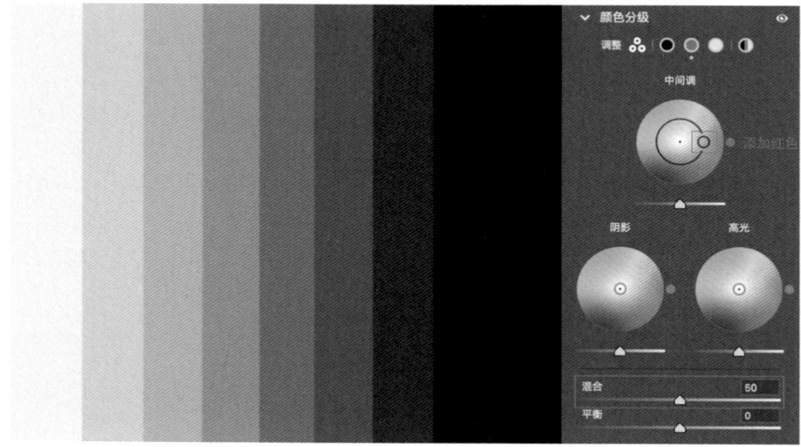


图 4-5-2　“中间调”色轮调整添加红色的效果

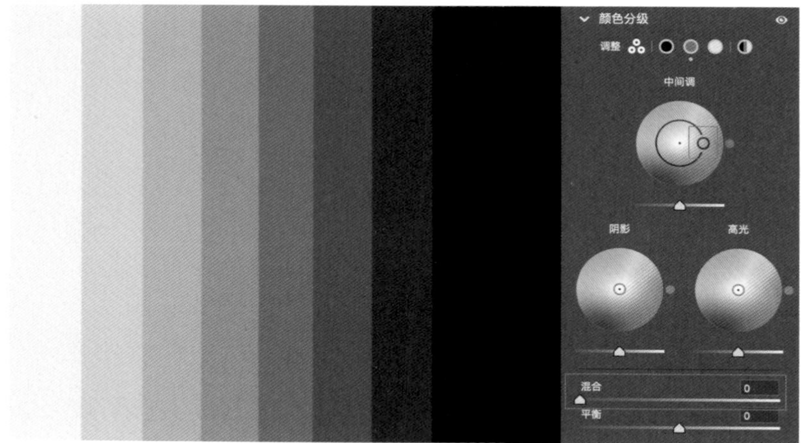


图 4-5-3　拖拽“混合”滑块至数值 0 的效果

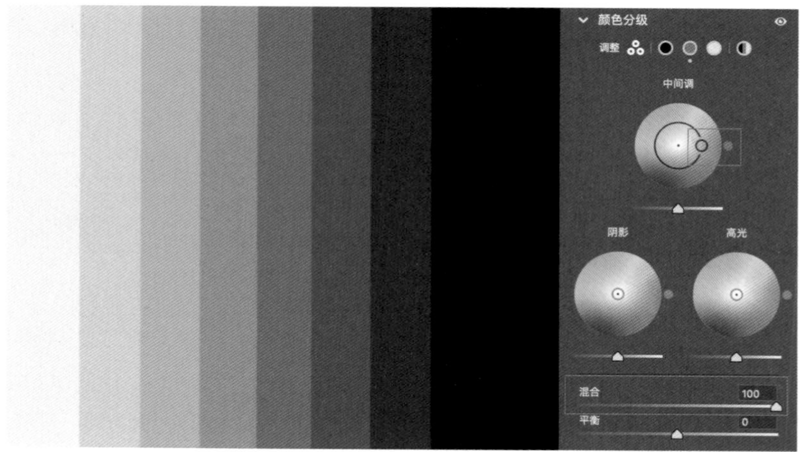


图 4-5-4　拖拽“混合”滑块至数值 100 的效果

图 4-5-11 将绘制区域调为蓝色

图 4-5-12 精确圈选颜色调整范围

原 图

调整后的效果

图 4-5-13 局部颜色调整前后对比

的颜色就由之前的红色调整成了蓝色，如图 4-5-11 所示。由于之前绘制的区域不够精细，导致花朵周围的绿叶也受到了影响，使得图片中的颜色过渡不自然。

为了获得更精确的局部调整区域，在“范围蒙版”下拉菜单中选择颜色，然后运用“样本颜色”吸管在花朵上吸取样本颜色。如此一来，与红色相近的颜色都被调整成了蓝色，如图 4-5-12 所示。如果颜色范围不够理想，可以按住 Shift 键在花朵上增加几个颜色样本，这样就可以使调整范围控制得更加精准了。

此案例在“范围蒙版”中运用了颜色，主要是基于花朵的颜色和背景颜色相差较大，运用颜色来做“范围蒙版”比较精准，不容易干扰到其他颜色，局部颜色调整后与原图对比效果见图 4-5-13。因此，我们在操作时，要根据图片的不同情况来选择合适的工具调整。

此案例演示只是介绍了如何使用“调整画笔”工具来做局部颜色的调整。“渐变滤镜”和“径向滤镜”的操作类似，只是在绘制调整区域上有差异，方法较简单。运用局部调整工具做局部颜色调整时需要根据图片内容进行分析，然后选择针对性较强的局部调整工具，比如要调整图片中的天空，则运用“渐变滤镜”比较合适；如果调整的局部是人的脸部，则运用“径向滤镜”比较合适等。

**【思考与练习】**

1. 请阐述色相、饱和度和明度之间的关系。

2. 如何运用颜色调整工具将图片的色相、饱和度、明度调整为强对比、中度对比和弱对比关系？

3. 在后期调整软件中为一幅影像整体或局部调整颜色。

Chapter

# 第五章　RAW 图像锐化和减少杂色

5

**【学习目标】**

1. 了解锐化效果的原理，并熟练运用相应工具对画面进行整体和局部锐化。

2. 了解杂色的产生和种类，并熟练运用相应工具对画面进行整体和局部降噪。

3. 了解过度锐化和减少杂色所带来的问题，以便于把握工具调整的程度。

锐化和减少杂色的运用都是对画面加以优化，使画质有所提升的一种操作，可以让拍摄的图片获得更理想的呈现效果，以弥补诸多设备缺陷或拍摄时的不利情况。然而锐化和降噪运用得越频繁，调整幅度越大，对图片画质的影响就越明显。锐化过度会让图片色彩失真、噪点增加、轮廓边缘分离，同时还会使画面产生光晕，失去画面韵味等。过度降噪有可能会导致图片部分区域的细节被消除。

本章对锐化的原理、锐化工具的分类、锐化工具的使用技巧、杂色、噪点的产生、减少杂色的原理、相关工具的分类及使用技巧一一做了详细介绍，以帮助大家根据影像的类型特点，把锐化和降噪有效地结合起来，使画面呈现效果达到比较理想的状态。

# 第一节　锐化的定义与作用

由于拍摄时，摄影器材的感光元件在将光信号转化为电信号时会使图片的细节产生一定损失，再加上各种滤镜的使用让镜头分辨率下降等原因，适当对图片进行锐化可以使画面看起来更加清晰。很多人认为锐化很实用，可以弥补诸多设备缺陷或者拍摄时的不足，使画面更清晰，而实际上，这些都是“假象”。锐化其实是通过增加画面边缘两侧像素间的对比度，使画面边缘两侧形成黑白对比突出的“隔离带”，让边缘看起来更加突出锐利，而并没有提高图片真正的分辨率。锐化和降噪运用得越频繁，调整幅度越大，对画质的影响就越明显。锐化过度会让图片出现色彩失真、噪点增加、边缘轮廓分离、产生光晕、画面原味丢失等情况。

图 5-1-1 是由 3 个不同明度的灰色色块组成的没加锐化和加锐化的效果对比，图的上半部分是用 Photoshop 软件绘制的，画面中的灰色块之间的过渡比较生硬，没有自然过渡的灰色带。图的下半部分是使用 USM 锐化工具在数量上增加了 500、半径为 10 后的效果，从图片中可以明显看出，在不同的灰色块间产生了由灰色到白色再到

非锐化图片没有“突出”边界

锐化后图片边界“突出”

图 5-1-1　非锐化与锐化后的边缘对比效果

黑色再到灰色的过渡带，各个灰色块间形成了黑白的强烈对比，使得灰色块的边缘轮廓看起来很清晰，这就是锐化效果的原理。

在拍摄图 5-1-2 所示图片的画面时，由于天气、设备、环境等因素的影响，最终拍出的画面有点偏灰（左侧图片），颜色不够饱满，人物的边缘轮廓和细节呈现不突出；经过锐化处理后，右侧图片的画面反差、颜色得到了一定改善。但是右侧图片由于过度锐化带来的问题也显而易见：过度锐化使得图片产生了颜色失真、对比度过大、边缘轮廓产生黑白边的问题。

关于图片锐化其实并没有一套标准的规定。由于图片的内容各有差异，所以也并不是所有的图片都需要锐化。在锐化的程度上，有的图片需要对画面进行较强的锐化操作，而有的图片则只需要稍稍加以锐化即可；有些图片需要做全局锐化，而有些图片则需要做局部锐化；有些图片需要做轮廓锐化，而有些图片则需要做细节锐化。这些都是根据图片内容而定的，比如图片内容表现的是柔美的场景时不宜锐化图片，或者当画面中的人物为女性和儿童时，也不宜对其皮肤做锐化处理。相反，这些内容往往需要进行磨皮、柔化等处理。若画面是表现纹理、细节、突出轮廓、质感等内容的，就比较适合使用锐化效果提升画面品质。

图 5-1-2　锐化前后效果对比

## 第二节　全局锐化工具的分类与运用

全局锐化是对整幅图片做等效的锐化效果，全局锐化可以使图像的边缘、轮廓线以及图像的细节和纹理都变得清晰，质感得到提升。不同的全局锐化工具作用的范围和强度不同，作用后的效果也有所差异。全局锐化工具虽然可以让整幅图像在呈现上有比较明显的提升，但是容易给图像原本比较清晰的区域造成锐化过度的现象，使图像产生色彩不自然或出现明显瑕疵的情况。在使用这个工具时要结合图片的内容和具体的成像效果，把握好全局锐化的度。

### 一、全局锐化工具分类——纹理、清晰度、去除薄雾

在 Camera Raw 中，实现全局锐化的工具为“基本”调整界面中的“纹理”“清晰度”和“去除薄雾”3 个锐化调整工具，每个锐化调整控件的最大值为 +100，最小值为 -100，默认值为 0。向右拖拽任何一个锐化调整控件都可使图片产生锐化效果，拖拽控件所产生的数值越大，锐化效果就越明显；向左拖拽控件则可以获得图片柔化和雾化的效果。“纹理”“清晰度”和“去除薄雾”3 个调整工具在工作原理上基本一致，都是根据指定的阈值查找与周围像素不同的像素，并按照指定数值增加像素的明暗对比度来实现锐化效果，但是其作用的区域有所区别。“纹理”调整工具主要作用于图片中的细节、纹理或者边缘区域，通过增强或者降低图片中细节、纹理、边缘像素的对比度来实现对比不强区域的锐化或者柔化。

图 5-2-1 是在 Camera Raw 中打开的一张黑白渐变色块图片，色块与色块之间的边缘清晰，从界面右上角的直方图中我们可以看到，直方图中分布了 9 条竖状波形图，分别代表了渐变色块中的 9 个色块分布的位置和明暗程度。我们可以看到每个数据柱之间没有衔接，数据柱的左右分布区域非常窄，说明色块与色块之间没有过渡像素，色块的灰度值分布比较均匀。

如图 5-2-2 所示，将“纹理”调整控件向右拖拽到 +100，直方图中数据柱下方的左右两侧分别增加了较窄的波形分布，但竖状分布图之间并没有链接起来，位置没有产生移动，即表示当“纹理”调整控件的数值被拖拽至 +100 后，色块与色块之间的边缘对比得到了增强，同时边缘之间有较小的渐变过渡，但色块的明暗没有产

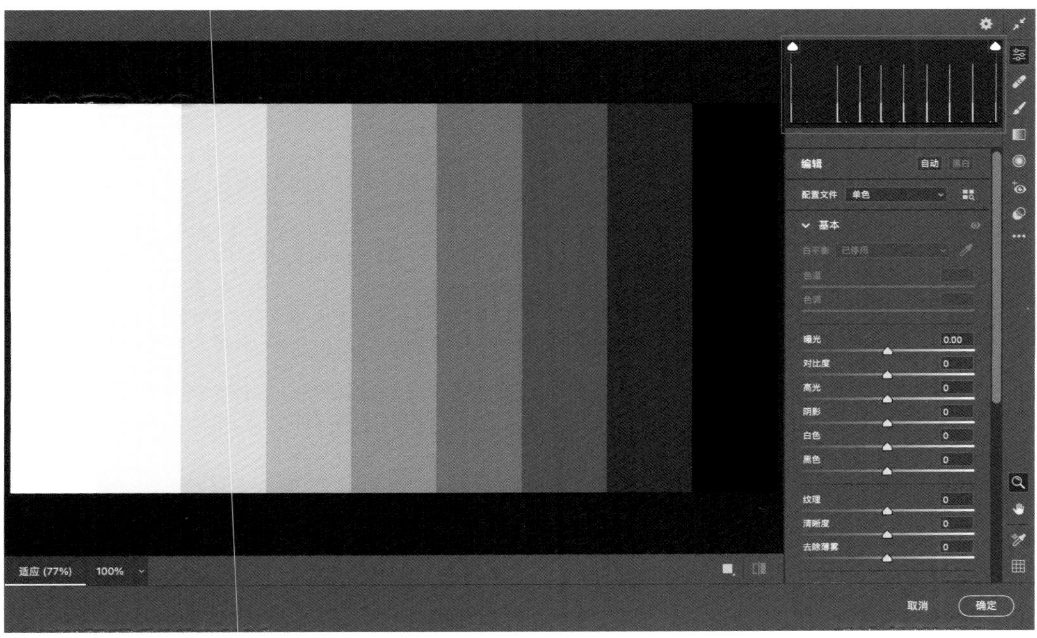


图 5-2-1 未进行锐化的黑白渐变色块图

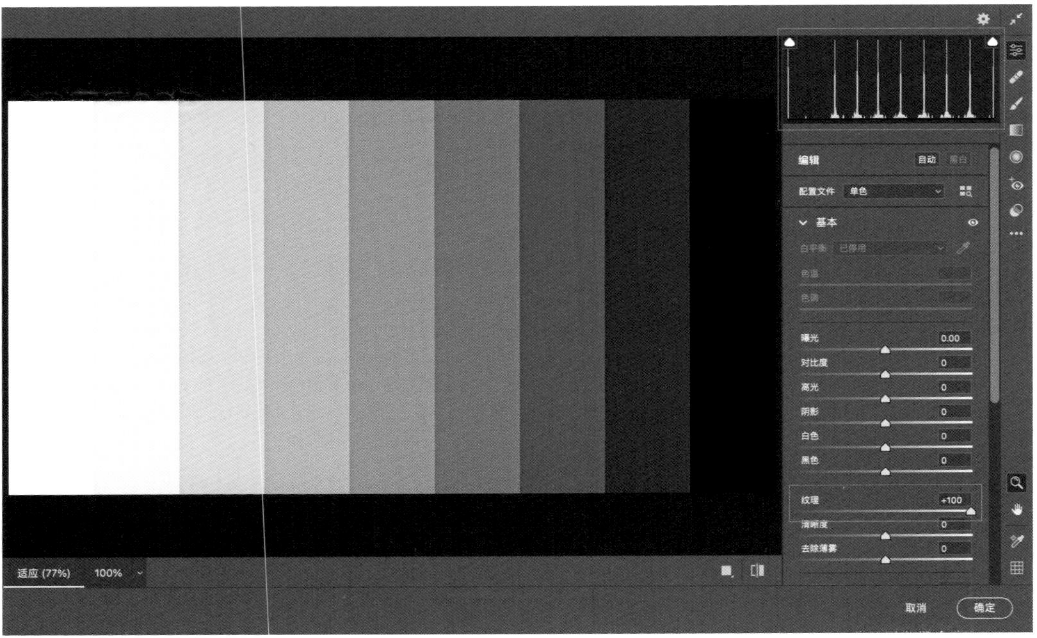


图 5-2-2 “纹理”调整至 +100 的效果

生变化。

“清晰度”调整工具主要通过增加或者减少图片中较大的轮廓边缘区域或局部对比度来实现锐化或柔化效果，其作用的区域比“纹理”调整工具要广，“清晰度”调整工具在锐化的同时还会对画面的明暗和颜色饱和度产生影响。过度调整“清晰度”会使图片失真，如图5-2-3、图5-2-4所示。

当把“清晰度”调整控件向右拖拽到+50时，直方图的竖状分布位置虽然没有变化，但是除了最左侧和最右侧（最暗和最亮区域）的数据柱没有变化外，其他的数据柱变短、变宽了，数据柱之间开始有了衔接。当把“清晰度”调整控件向右拖拽到+100时，直方图中的各数据柱紧密地衔接在一起，形成了高低起伏的波形。从直方图的分布结合画面的呈现效果可以看出，“清晰度”调整影响的区域比“纹理”要广，且调整数值越大，色块与色块之间的边缘对比强度越大。同时，这些边缘之间还有较大的渐变过渡，除了最亮和最暗的区域之外，灰色色块也产生了较明显的明暗变化。

“去除薄雾”调整工具主要作用于图片中的细节纹理边缘区域，通过增强或者降低图片中的细节对比度来实现对比不强区域的锐化或者柔化。“去除薄雾”调整工具随着调整数值变大，影响的区域会扩大，整个画面也会逐渐变暗，此时画面的清晰度和颜色饱和度都会有所提升，如图5-2-5、图5-2-6所示。

从图5-2-5、图5-2-6中可以看出，当“去除薄雾”调整工具的控件被调整到+50时，除了最左侧和最右侧（最暗和最亮区域）的数据柱没有变外，直方图中靠右的数据柱开始向左靠拢，同时每个数据柱的右侧开始出现较窄的波形分布，使得色块与色块之间形成由暗到亮的渐变过渡。当“去除薄雾”工具的控件向右拖拽至+100时，直方图靠右的数据柱向左靠拢，各数据柱紧密地衔接在一起，形成了高低起伏、落差较大的波形。从直方图的分布结合画面的呈现效果可以看出，“去除薄雾”调整工具主要靠增加边缘轮廓的亮度来加强对比，去除图片中的灰度。

这3个工具在实际使用中都会增加或者减少图片的对比度，但同时也会影响到画面的明暗和颜色（如图5-2-7所示），因此在实际使用中要与明暗调整工具和颜色调整工具结合使用，这样便既能保证足够的图片清晰度，又不会造成画面对比度过度、颜色失真，从而达到画面清晰度、对比度及颜色的平衡。

## 二、全局锐化工具的运用——细节

除了全局锐化工具外，我们还可以通

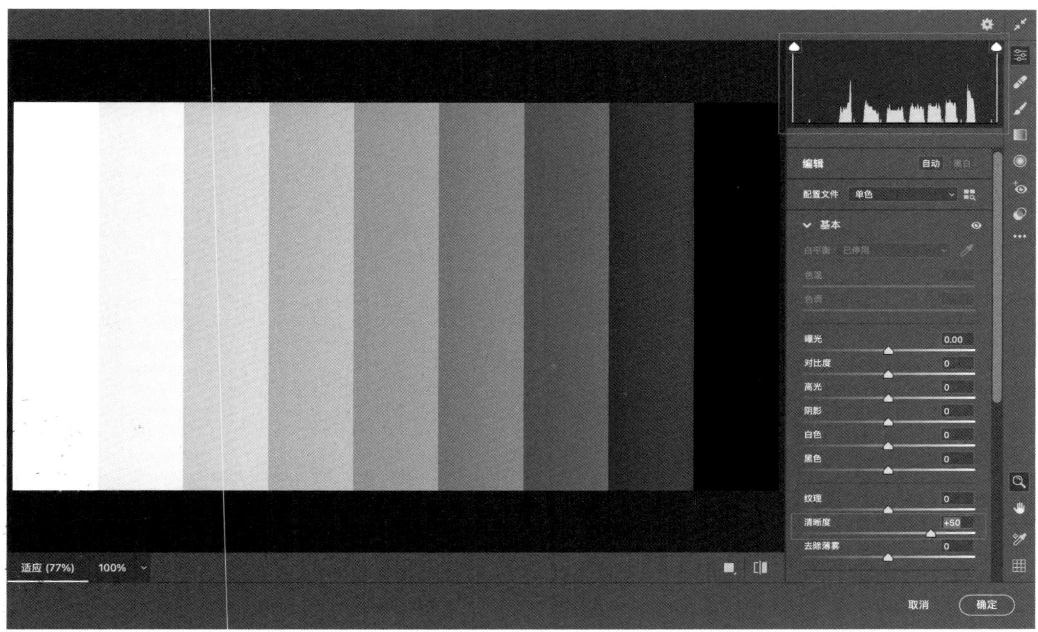


图 5-2-3 “清晰度”调整为 +50 的画面效果

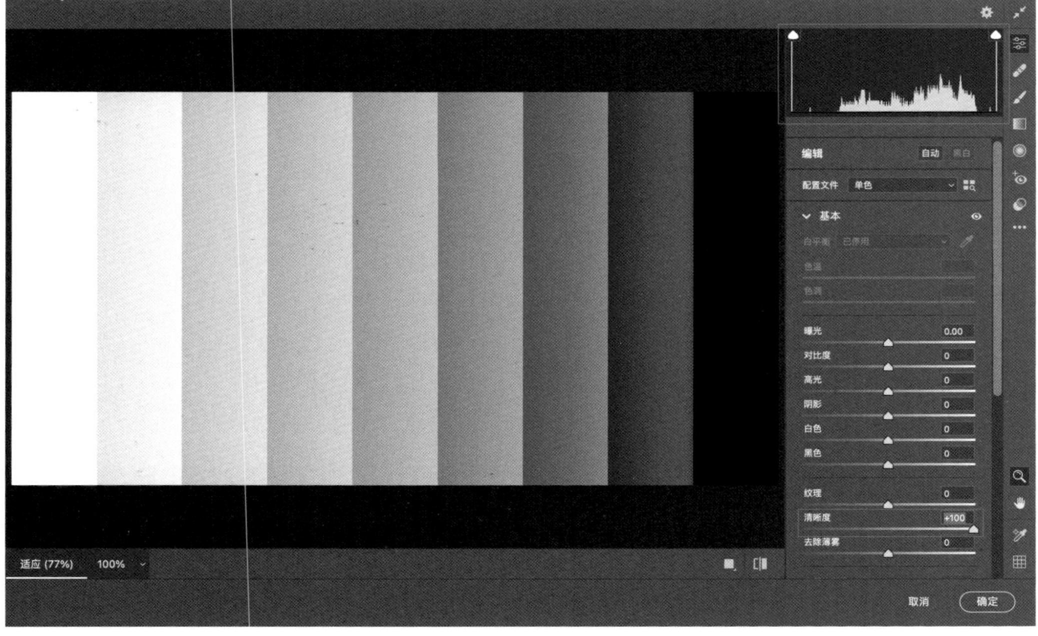


图 5-2-4 “清晰度”调整至 +100 的画面效果

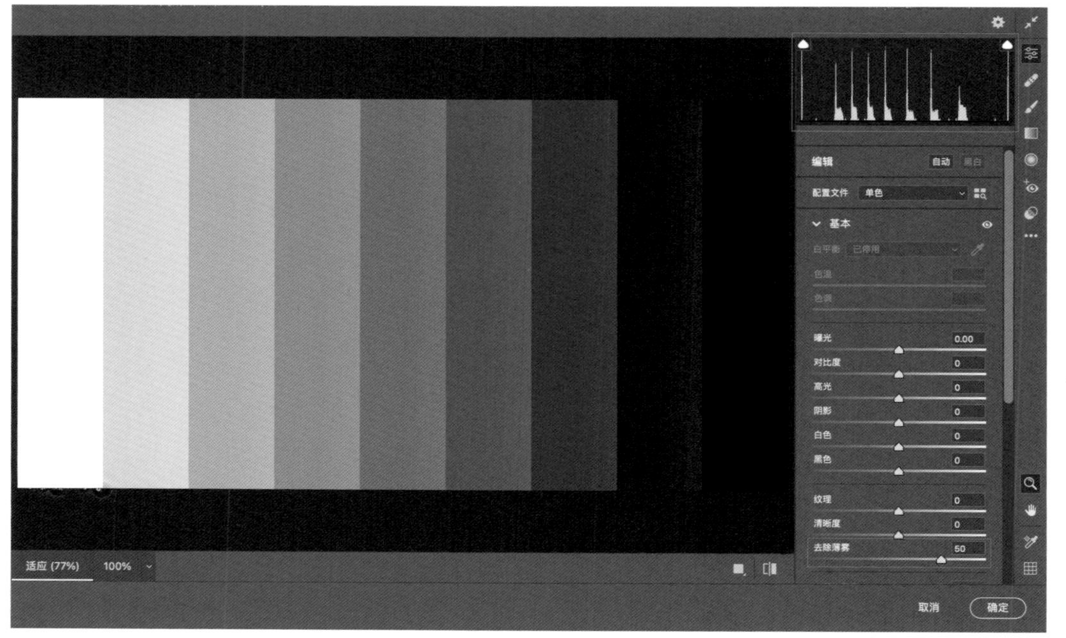


图 5-2-5　“去除薄雾”调整控件调整至 +50 的画面效果

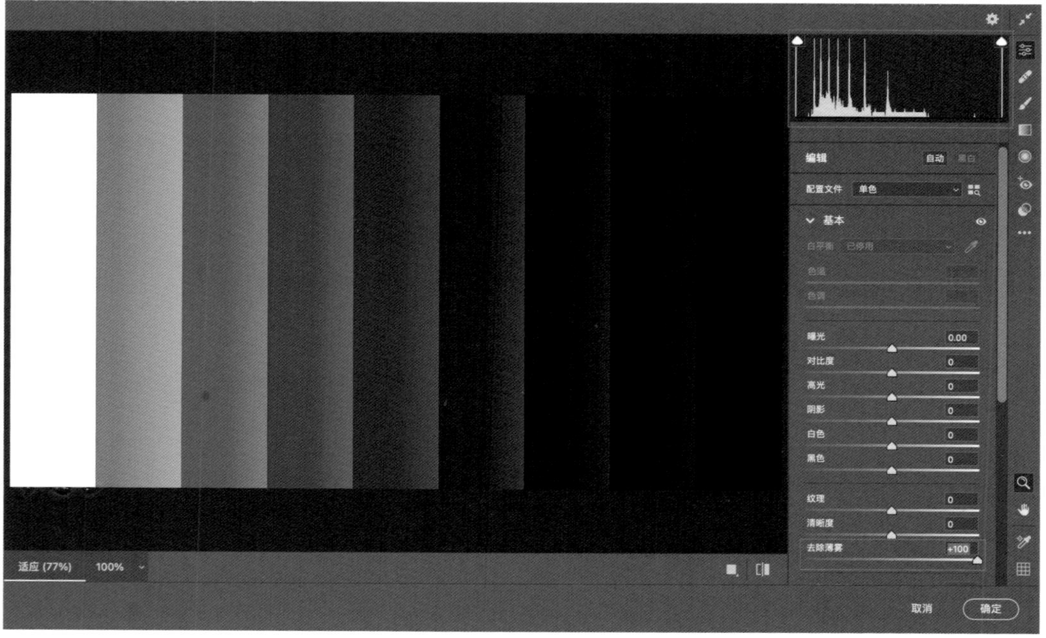


图 5-2-6　“去除薄雾”调整控件调整至 +100 的画面效果

图 5-2-7　原图与进行“纹理”“清晰度”“去除薄雾”调整后的效果对比

过“细节”选项卡中的锐化控件来实现图片锐化效果。在“细节”选项卡中从上到下分别有“锐化”“半径”“细节”“蒙版”“减少杂色”“杂色深度减低”6 个调整控件（其中“减少杂色”和“杂色深度减低”是用来降噪的，我们在后面再做介绍）。“锐化”“半径”“细节”“蒙版”4 个调整控件一般会相互配合使用，通过控制“半径”“细节”“蒙版”的参数来达到锐化轮廓线的效果，避免产生锐化过度问题，如图 5-2-8 所示。

图 5-2-8　“细节”选项卡中的各控件

“锐化”调整控件主要用来控制锐化力度的强弱，其最小值为 0，最大值为 150，默认值为 40。“锐化”调整控件数值越大，表示锐化力度越大，则轮廓边缘就越清晰，当“锐化”数值为 0 时，表示锐化强度为0，即没有锐化效果。在操作中，数值过大的锐化调整会使图片噪点增多或者增强。为了保证画面既有清晰的锐化效果，又能有效地控制噪点产生，应将“锐化”的数值设置得较低或者适中，同时“锐化”调整控件要和其他几项锐化参数一起配合使用，从而影响锐化的范围和效果，如图5-2-9所示。

“半径”调整控件主要是用来控制图片边缘中参与锐化像素的数量，其最小值为0.5，最大值为3，默认值为1。在实际应用中，通过调整“半径”数值的大小来控制锐化细节的程度，如果要对图片中的微小细节进行锐化，“半径”数值设置得较低些较为合适；相反，需要对较粗的轮廓线进行锐化时，可以使用较大的半径数值进行锐化，如图5-2-10所示。

“细节”调整控件的作用主要是控制图片中锐化多少高频信息和强调边缘的程度，其最小值为0，最大值为100，默认值为25。当数值为0时，表示“细节”控件调整强度为0，即没有效果。“细节”数值设置得越低，锐化图片中的边缘轮廓效果越明显；“细节”数值设置得越高，锐化图片中的纹理效果越明显。较高的“细节”数值设置会使图片的细节增强，同时图片中的噪点锐度也会提高，为了降低噪点的锐度，我们通常使用中间数值，如图5-2-11所示。

“蒙版”调整控件主要用来控制图片

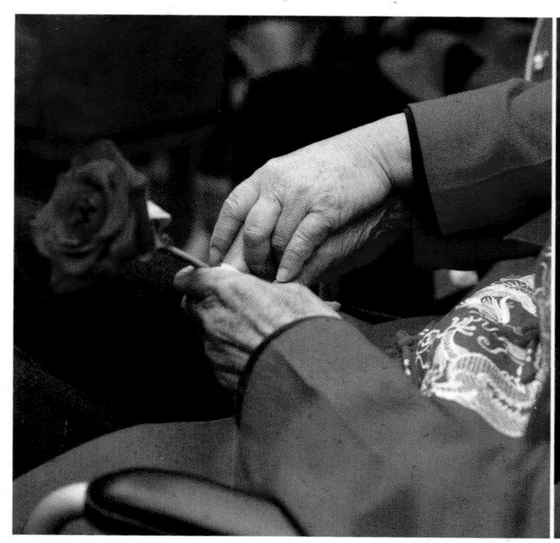

原 图

锐化参数为150

图5-2-9 调整“锐化”为150的前后效果对比

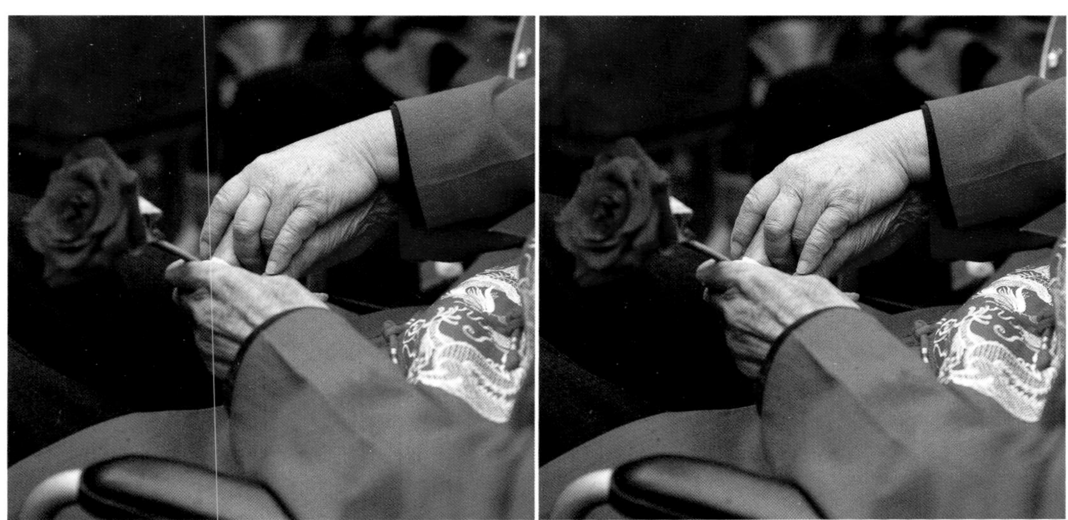

锐化数值为 150，半径为 0.5　　锐化数值为 150，半径为 3

图 5-2-10　调整“半径”数值为 0.5 和 3 的效果对比

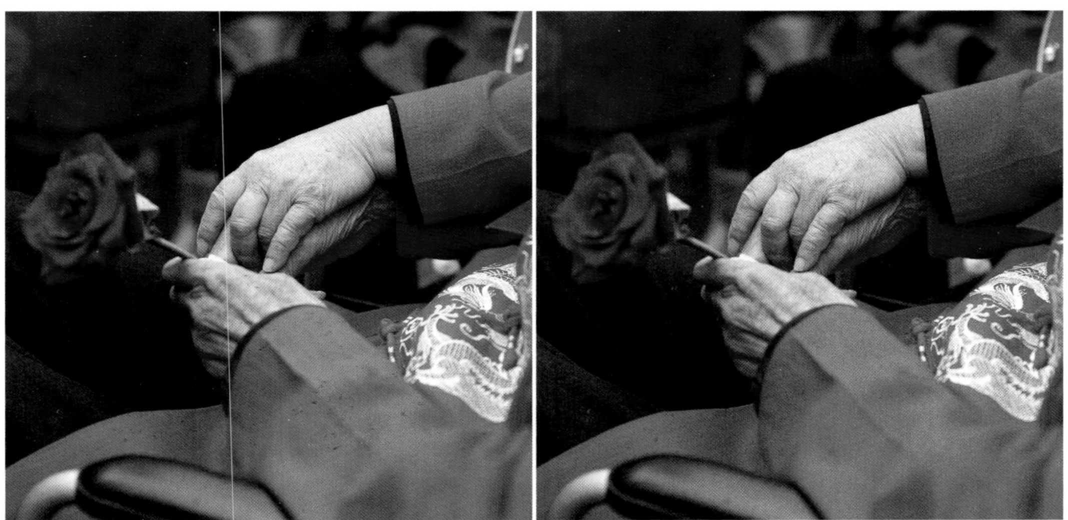

锐化数值为 150，半径数值为 2，细节数值为 0　　锐化数值为 150，半径数值为 2，细节数值为 100

图 5-2-11　调整“细节”数值为 0 和 100 的效果对比

轮廓边缘的范围和数量，其最小值为 0，最大值为 100。当“蒙版”调整控件的数值为 0 时，意味着图片中没有蒙版效果，锐化效果直接作用于整幅图片中，此时图片中的所有内容都会被等量地锐化。当“蒙版”调整控件的数值增大时，图片中不被锐化的区域（黑色区）也会扩大，被锐化的区域（白色区域）逐步缩小，图片中的轮廓线也将逐渐清晰，这表示锐化范围从全局逐渐向轮廓线调整。通过调整“蒙版”调整控件参数，我们可以有效地对图片轮廓区域进行锐化，使锐化效果集中在画面中的轮廓线上。为了更好地观察“蒙版”控件控制区域，在使用“蒙版”调整控件时需按住 Alt（Windows）或 Option（Mac OS）键，同时向右拖动滑块即可查看被锐化区域和被保护区域。白色区域即锐化区域，黑色区域即不被锐化的区域，如图 5-2-12 所示。

图片锐化处理在整个数码后期过程中属于比较细致的操作环节，为了保证锐化效果恰到好处，在操作时最好将图片以 100% 比例显示，图片原大小显示可以更精准地控制图片锐化的程度和精度。

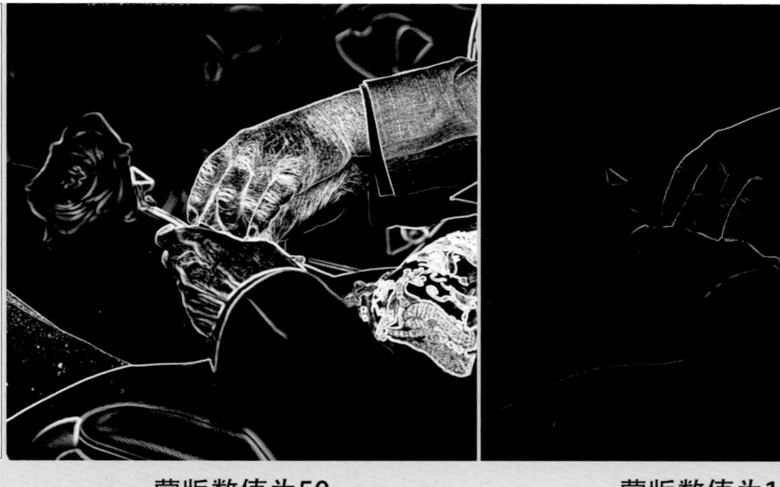


图 5-2-12　调整“蒙版”数值为 0、50 和 100 的效果对比

## 第三节 局部锐化工具的分类与运用

局部锐化就是对图片中某个区域进行锐化。有些图片不需要全局锐化，只需要将图片中的某个局部单独锐化。同时，局部锐化也能很好地弥补全局锐化的一些缺陷，两者在实际操作中通常相互配合使用，这样，在锐化效果上便可以做到主次分明，但又不出现锐化过度的情况了。

实现局部锐化效果需借助局部调整工具（“调整画笔”“渐变滤镜”“径向滤镜”）对图片绘制需要锐化的局部区域，然后再通过拖动局部调整工具下拉菜单中的“纹理”“清晰度”“去除薄雾”“锐化程度”4个调整控件来控制局部锐化的效果和强弱程度。

图 5-3-1 中调整的图片为舞龙灯的场景。拍摄者将拍摄对象安排在画面中央，以油菜花作为前景，突出舞龙灯人物。在颜色上，拍摄者做了中度对比的三色搭配，使画面既活跃又不失协调。虽然舞龙灯的人物在画面中比较突出，但是拍摄时的天气通透度不是很好，人物和龙灯的细节没有得到很好的体现（见图 5-3-3 的左图），为了增强人物和龙灯的质感，我们可以对人物和龙灯进行局部锐化。

在 Camera Raw 中打开图片并选择“调整画笔”（快捷键 K）工具。将“叠加”和“蒙版选项”选框勾选上，单击“蒙版叠加颜色”选择与人物肤色相差较大的颜色作为蒙版叠加颜色，以便于查看“调整画笔”所绘制的区域。用“调整画笔”对图片中的人物和龙灯区域进行绘制，这样就可以将人物和龙灯的局部调整区域绘制完成了，如图 5-3-1 所示。

接下来取消勾选“蒙版选项”选框，将其他调整选项的数值恢复为默认值，将“纹理”和“锐化程度”调整控件拖拽到数值+100。随着数值的增加，人物和龙灯的锐化效果逐渐明显，这样一来，人物和龙灯的局部锐化就完成了，如图 5-3-2 所示。如果绘制的区域不是很精确，可以再运用局部调整工具继续调整绘制区域，直到满意为止。

局部锐化完后，人物和龙灯的纹理质感得到了强化，效果更加突出，如图 5-3-3 所示。适当的局部锐化不仅可以突出主要视觉点，还可以有效避免图片整体锐化中部分区域锐化过度所产生的问题。在摄影后期操作中，根据图片内容的需求，把全局锐化和局部锐化效果有效结合起来。其他局部调整工具的相关操作在前面已做介绍，这里不再重复。

图 5-3-1　通过“调整画笔”工具绘制调整区域

图 5-3-2　调整“纹理”和“锐化程度”的数值对图片进行局部锐化

原　图　　　　人物和龙灯局部锐化后的效果

图 5-3-3　局部锐化前后效果对比图

# 第四节　减少杂色和噪点

## 一、杂色的定义与分类

不管是摄影前期拍摄还是摄影后期调整，杂色和噪点的产生是不可避免的，比如前期拍摄过程中，由于相机过热、过高的感光度（ISO）设置、长时间曝光、曝光不足等问题会导致所拍的图片产生杂色和噪点；在后期处理过程中，将偏暗的图片提亮、图片锐化、图片格式的压缩转换等也会给图片增加噪点和杂色。

杂色和噪点分为两类，一类是明度噪点，另一类是颜色噪点。明度噪点指的是只有黑、白、灰的噪点，颜色噪点指的是图片中带有颜色的颗粒，过多的颜色噪点会使图片的颜色看起来不自然。一般情况下，这两种噪点会同时存在，主要分布在图片中的阴影区域。

如图 5-4-1 是使用高感光度（ISO 10000）拍摄的一幅夜景图片，我们通过右侧的放大截图可以看到画面中有大量的噪点分布，尤其是天空和建筑偏暗区域的噪点颗粒较粗，同时还可以看到画面中明度噪点和颜色噪点同时存在。

由于噪点会造成图片的成像质量下降、细节层次丢失、颜色过渡不自然等问题，因此我们需要通过后期降噪的方式对图片进行优化，使画质有所提升。

图 5-4-1　使用高感光度拍摄的夜景图片

## 二、减少杂色工具——减少杂色、杂色深度减低

由于噪点的种类与分布区域不同，所以在后期减少噪点的过程中，既要分区域降噪，也要分种类降噪。

1. 全局降噪

在 Camera Raw 中实现降噪功能的工具有两类，一类是全局降噪工具，另一类是局部降噪工具。全局降噪工具是通过“细节”选项卡中的“减少杂色”和“杂色深度减低”两个调整控件来实现降噪效果的，如图 5-4-2 所示。“减少杂色”调整控件主要对图片中的明度噪点起作用，由“减少杂色”“细节”“对比度”3 个调整控件组成。“减少杂色”调整控件的默认值为 0，最大值为 100，向右拖拽滑块，数值变大，则画面中的明度噪点减少会越来越明显，与此同时，图片中的细节也会逐渐变得平滑，甚至被消除。当“减少杂色”数值为 0 时，“细节”和“对比度”调整控件显示为灰色，表示不可操作，没有减少明度噪点的效果。

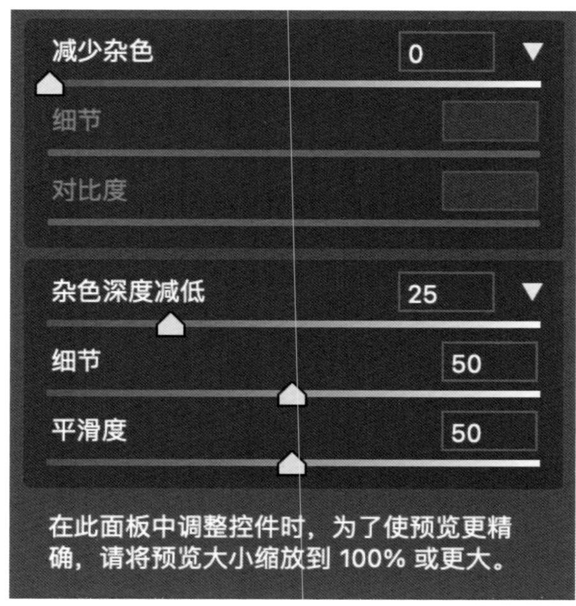


图 5-4-2　减少杂色工具界面

“细节”调整控件主要用来控制明度噪点的阈值，其最小值为 0，最大值为 100，默认值为 50。“细节”调整控件的数值越高，画面保留的细节就越丰富；数值越低，画面细节的保留程度就会越低。在操作过程中，过高的“细节”参数设置可能会导致“细节”调整控件把真正的噪点错误地判断为细节进行强化，导致部分区域的噪点反而更加明显；过低的“细节”参数设置也可能会导致“细节”调整控件把真正的细节错误地判断为噪点进行弱化，从而导致图片中的细节被处理掉。

“对比度”调整控件主要是控制明度噪点的明暗对比程度，其最小值为 0，最大值为 100。当“对比度”调整控件的数值为 0 时，表示没有任何效果。其数值越高，图片中的对比度和质感越能更好地被保留，同时也会使图片中的杂色或色斑更明显；其数值越低，图片中的对比度越弱、质感越细腻，同时也会使图片中的对比度降低，画质变差。

“杂色深度减低”调整控件主要是对图片中的颜色噪点起作用，分别由“杂色深度减低”“细节”“平滑度”3个调整控件组成。“杂色深度减低”调整控件的最小值为0，最大值为100，默认值为25。向右拖拽滑块，数值会随之变大，画面中的颜色噪点减少会越来越明显。当“杂色深度减低”调整控件数值为0时，“细节”和“平滑度”调整控件显示为灰色，表示不可操作，表示没有减少颜色杂色效果。

“细节”调整控件主要控制颜色噪点的阈值，其最小值为0，最大值为100，默认值为50。“细节”调整控件的数值越高，其保留的图片边缘色彩细节就越丰富；数值越低，图片中的杂色消除越明显，同时还能有效抑制住图片中的小颗粒显现。在操作过程中，过高的“细节”参数设置可能会产生像素级的彩色颗粒和斑点；过低的“细节”参数设置也可能会导致颜色溢出，饱和度降低。

“平滑度”调整控件主要用来控制颜色噪点之间的平滑度，其最小值为0，表示效果被关闭，最大值为100，默认值为50。“平滑度”调整控件的数值越高，颜色噪点之间的颜色过渡越平滑；其数值越低，颜色噪点之间的颜色对比度越高，颜色越多样。

2. 局部降噪

由于噪点和杂色在分布区域和分布数量上有所差异，图片的整体降噪并不能达到最理想的降噪效果，甚至有可能会导致图片部分区域的细节被消除，所以在降噪时需根据图片噪点的分布特点，把全局降噪和局部降噪有效地结合起来，使降噪效果达到比较理想的状态。在 Camera Raw 中实现局部降噪功能需借助局部调整工具（“调整画笔”“渐变滤镜”“径向滤镜”）在图片中绘制需要降噪的局部区域，然后通过拖动局部调整工具编辑菜单中的“减少杂色”“波纹去除”“去边”3个调整控件来控制局部降噪的效果与强弱程度，如图5-4-3所示。

“减少杂色”调整控件主要作用于图片中的明度噪点，其默认值为0，最大值为+100，最小值为-100。向右拖拽滑块，参数值会随之变大，画面中的明度噪点也会明显减少，同时图片中的细节会逐渐变得平滑，甚至被消除。

“波纹去除”调整控件主要是控制图

图5-4-3　局部降噪控制界面

片中的摩尔纹，其默认值为 0，最大值为 +100，最小值为 -100。向右拖拽滑块，参数值会随之变大，减少图片中摩尔纹效果会越来越明显，同时图片中的轮廓边缘颜色会向四周扩散，颜色的色相会相互靠近，画面的饱和度会被降低。

“去边”调整控件的作用主要是消除图片中颜色过渡不自然的轮廓边缘，如紫边、绿边或者锐化过度的白边等。

接下我们通过实例来演示如何用 Camera Raw 中的“减少杂色”和“杂色深度减低”调整控件来给图片降噪。

图 5-4-4 的左图拍摄时曝光严重不足，整个图片偏暗。运用 Camera Raw“基本”编辑界面中的明暗调整工具对图片的曝光进行校正，为了获得更多的暗部细节，我们将“曝光”数值调为 +5.00，“阴影”调为 +100，“黑色”调为 +60，然后再将“高光”调为 -50，以避免图片亮部区域过曝。

从图 5-4-5 的上图中我们可以看到，当对图片大幅度增加曝光后，画面的噪点和杂色也随之增多，噪点和杂色在暗部区域分布更明显，在人物脸部的分布相对较少。下面我们运用 Camera Raw 的“细节”调整选项来消除噪点。将“减少杂色”数值调整成为 60，其他选项保持默认值。可以看到，图片中的噪点和杂色明显减少，但是人物的脸部细节部分也被消除了，脸部质感被弱化，同时人物的背景中还有部分颜色噪点没有被消除，如图 5-4-5 下图所示。

图 5-4-4　老人缝补原图（左图，拍摄者：王峥）及曝光校正图片

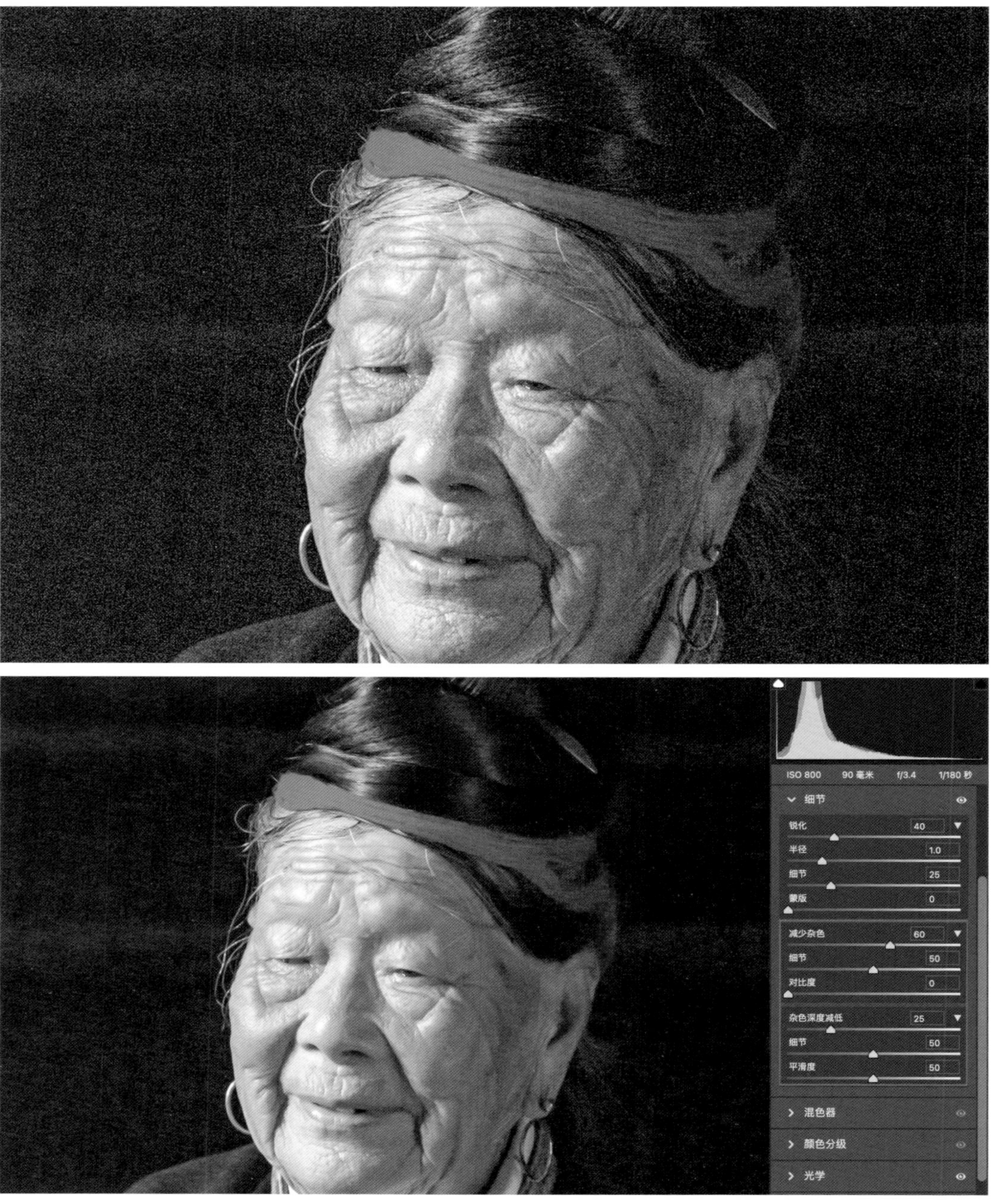


图 5-4-5 曝光校正后的图片局部及其减少杂色后的效果对比

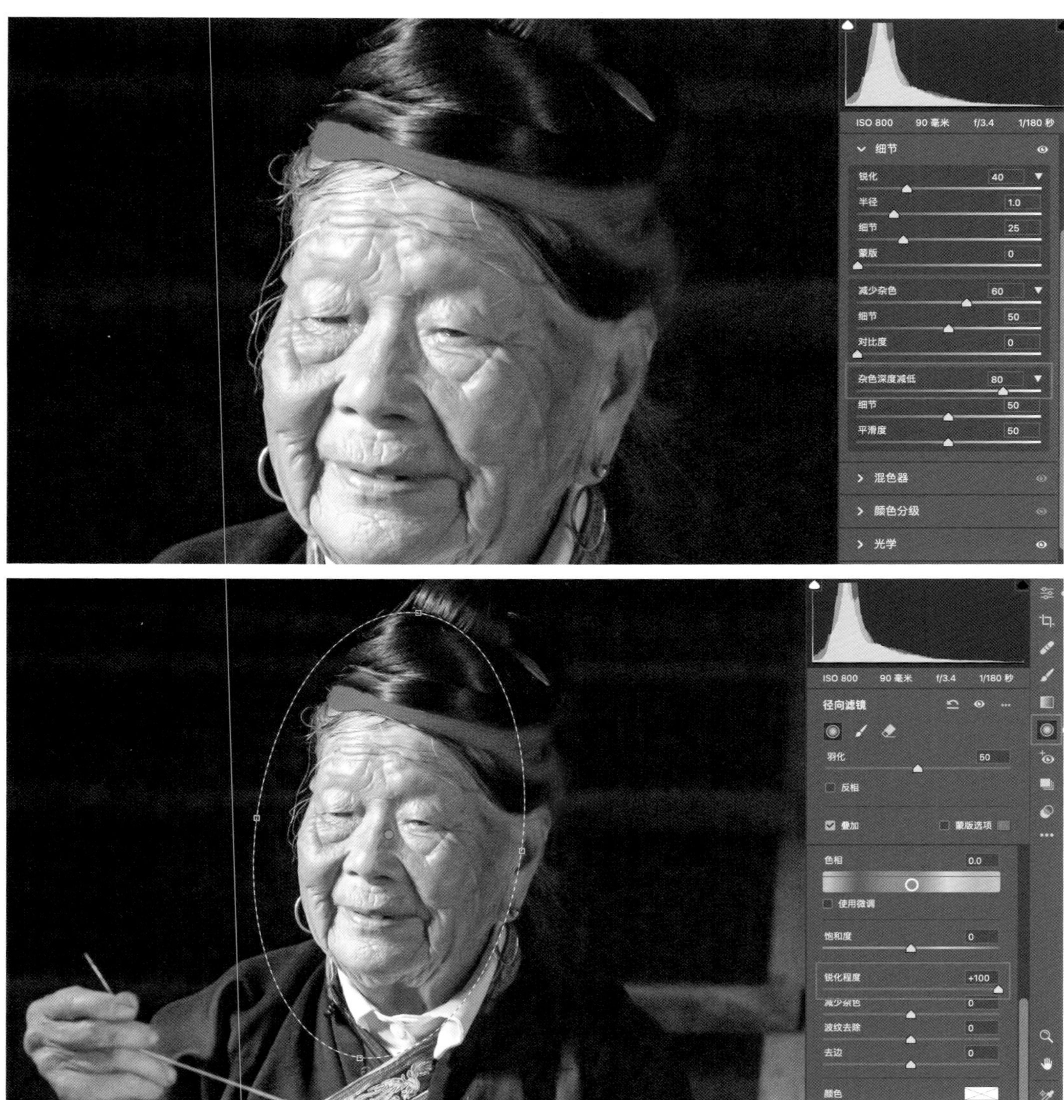


图 5-4-6　调整“杂色深度减低”数值后的效果与运用“径向滤镜”进行局部锐化的效果

图 5-4-7　通过“阴影”调整控件压暗背景降噪

降噪调整前　　降噪调整后

5-4-8　降噪调整前后效果对比

为了进一步消除颜色噪点，以及强化人物脸部的质感，我们先将“杂色深度减低”数值调整为 80，其他选项保持默认值，从图 5-4-6 的左图中可以看到，画面中的颜色噪点得到了有效控制。接下来，我们再使用“径向滤镜”对人物的脸部做局部锐化。运用“径向滤镜”在人物的脸部绘制椭圆调整区域，并将“锐化程度”调为 +100，这样一来，人物的脸部质感就得到了一定提升，同时也避免了其他区域的噪点被强化的弊端。

虽然在进行减少杂色的调整后，图片的噪点和杂色得到了有效地控制，但是噪点和杂色的呈现还是比较明显。如果我们继续加大“减少杂色”的强度，图片中的细节损失就会更严重。为了避免细节损失加重，同时又能再次弱化噪点，我们可以将 Camera Raw“基本”编辑界面中的“阴影”调整为 0，这样一来，图片中的暗部区域会被压暗，图片中暗部区域的噪点和杂色就会被弱化，如图 5-4-7 所示。压暗图片也是降噪的一种方式，这种方式既不会损失细节，又能弱化噪点。经过一系列后期调整，画面的噪点得到了有效控制，如图 5-4-8 所示。

降噪所营造出的画面效果是多数拍摄者所追求的，然而也有部分拍摄者在创作时为了让画面具有胶片感或颗粒感，会通过增加噪点的方式达到自己想要的独特视觉效果。在 Camera Raw 中，我们可以运用“效果”界面中的“颗粒”调整工具对噪点的数量、大小等进行控制。

**【思考与练习】**

1. 请说一说锐化的原理和作用。

2. 简要说一下减少杂色的原理和作用。

3. 尝试在后期调整软件中为所拍影像的画面减少杂色。

Chapter

# 第六章　图片输出

6

**【学习目标】**

1. 了解图片输出的存储位置、图片命名、图片格式、图片色彩空间的选择、图片尺寸大小的运用。

2. 熟练运用图片输出的选项设置对图片进行初步管理。

图片输出环节往往是大家最容易忽视的一个环节，作为后期处理的最后一个操作步骤，它将影响图片的最终呈现效果。受图片呈现方式的影响，不同的呈现介质对输出图片的文件命名、图片格式、图片尺寸、分辨率、色彩空间、色彩深度等的要求有所不同。图片的输出环节既牵扯到图片管理，又涵盖了图片的色彩管理。

本章从图片存储命名、格式种类和选择、图片色彩空间的应用、图片输出尺寸这几个方面进行详细介绍，帮助大家在图片输出环节针对不同的应用场景做出相对应的输出设置，以避免图片在传输过程中或在不同的呈现介质上出现偏差。

# 第一节　图片存储预设、位置和命名

图片输出是整个后期操作过程中的最后一个环节。受图片呈现方式的影响，不同的呈现介质对输出图片的格式、尺寸、分辨率、色彩空间、色彩深度等的要求有所不同。如果图片是以纸质形式呈现，用于出版、展览，则对图片的格式、尺寸、分辨率、色彩空间、色彩深度的要求会相对较高，一般情况下，这种呈现形式会采用图片所载信息量最大、最丰富的图片格式进行输出。如果图片用于网络或者移动设备上展示，则对图片的尺寸、分辨率、色彩深度的要求就相对低一些了，这种呈

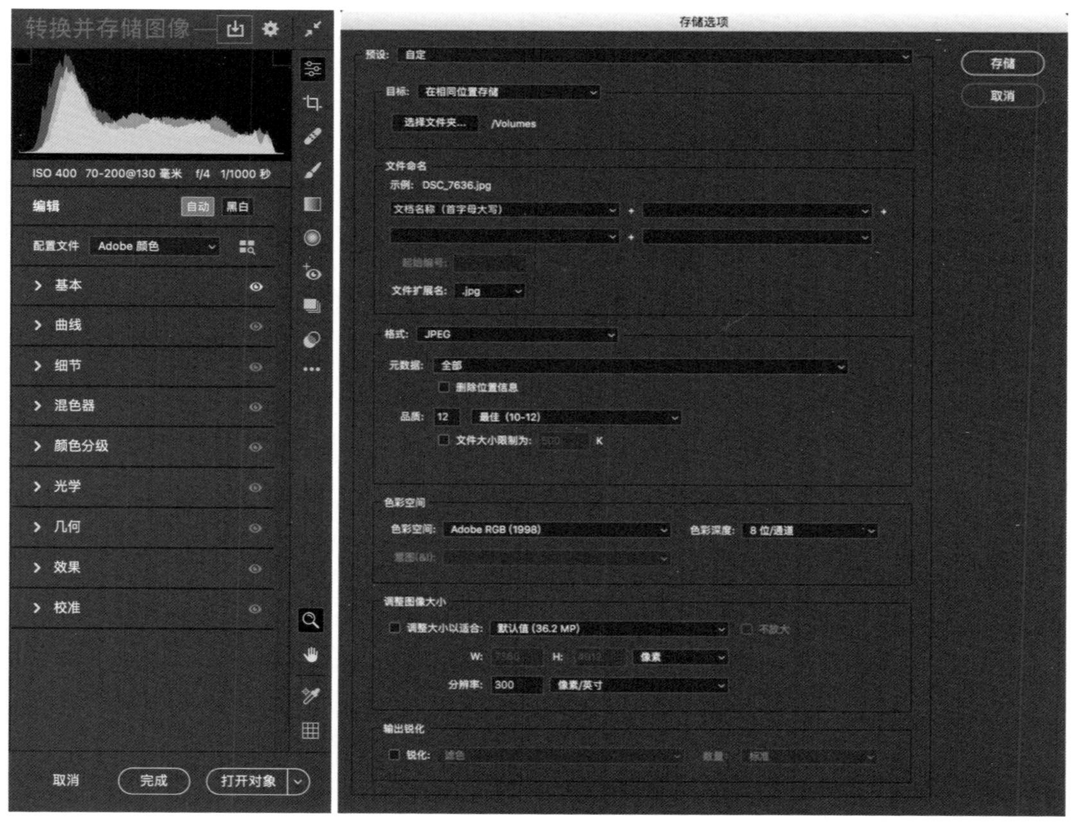


图 6-1-1　“转换并存储图像”界面

现方式更侧重于控制图片的体积大小，以便于快速打开和被浏览。

在输出环节会涉及文件命名、图片格式、色彩空间、图片大小等比较重要的图片输出设置。单击 Camera Raw 界面右上角的“转换并存储图像”按钮，即可调出“存储选项”操作界面[快捷键 Control+S（Windows）或 Command+S（Mac OS）]，在“存储选项”操作界面中分别有“预设”“目标”“文件命名”“格式”“色彩空间”“调整图像大小”“输出锐化”等图片输出选项，如图 6-1-1 所示。

## 一、图片存储预设、位置和命名

“存储选项”操作界面中的“预设”选项主要是将当前设置好的图片格式、色彩空间、尺寸等选项存储为预设，以便于日后再存储图片时可以通过选择保存的预设信息快速存储图片。预设可以通过“自定”方式设置，也可以直接选择下拉菜单中的“Save as DNG”和“Save as JPEG”两个已经预设好的输出选项，同时还可以运用“将自定义预设存为...”选项把预设重新命名并单独另外存储，如图 6-1-2 所示。

## 二、图片存储位置

“存储选项”操作界面中的“目标”选项的作用是选择图片的存储位置，既可以选择与打开图片相同的位置存储，也可以选择“在新位置存储”，同时还可以通过“选择文件夹”路径的方式来选择图片的存储位置，如图 6-1-3 所示。在选择存储位置时，建议将调整完成的图片在原文件夹中新建文件夹单独存储，并将文件夹重新命名。建议文件夹的命名除了作品名称之外，再加上图片的拍摄时间、地点、事件等一些基本信息描述，以便于日后查找和调取。

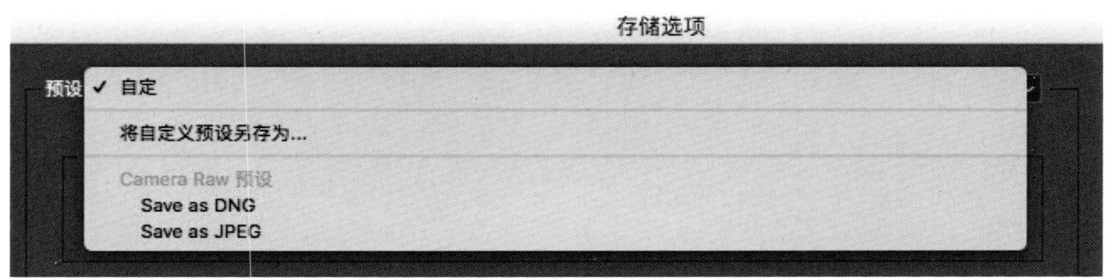


图 6-1-2　“预设”选项弹框

## 三、图片储存命名

“存储选项”操作界面中的“文件命名”选项用来给存储图片进行重新命名。它既可以运用选项下拉菜单中的“文档名称”“位数序号”“连续字母”“日期”4种命名方式进行文件命名，也可以用“位数序号＋文档名称”或者“日期＋文档名称”等组合方式命名，如图6-1-4所示。如果图片对排列顺序有需求，建议以数字开头，以便于图片的排序和管理。对于单幅图片的命名，建议除了作品名称外，可以再加上图片的拍摄时间、地点、人物、事件过程等一些具体的信息或者图片中没有呈现出来的内容，这通常有利于日后图片出版或者发表时对图片进行描述和传播。

“存储选项”操作界面中的“文件扩展名”选项用来选择存储文件的后缀格式，在“文件扩展名”的下拉菜单中分别有“DNG”“JPG”“TIF”“PSD”4个后缀选项。选择某种后缀名称时，下面的“格式”选项也会自动做出相对应的调整，比如“文件扩展名”选项选择DNG后缀时，“格式”选项会自动调整成数字负片，它们之间是相互联动的，所以在选择的时候要格外注意，如图6-1-5所示。

图 6-1-3　“目标”选项界面

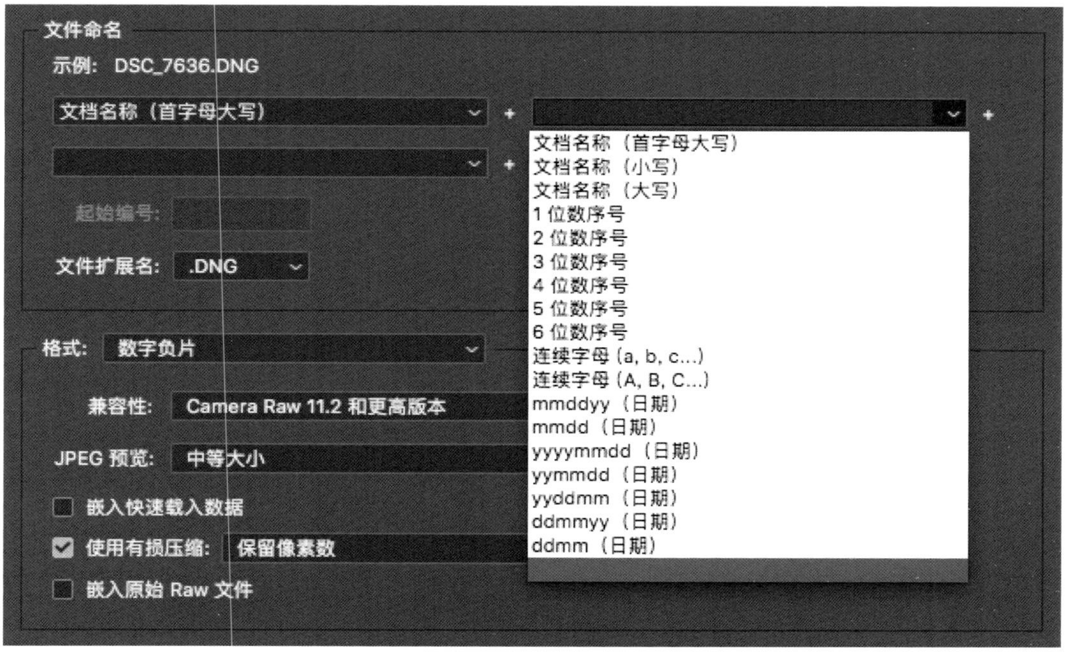

图 6-1-4　“文件命名”选项界面

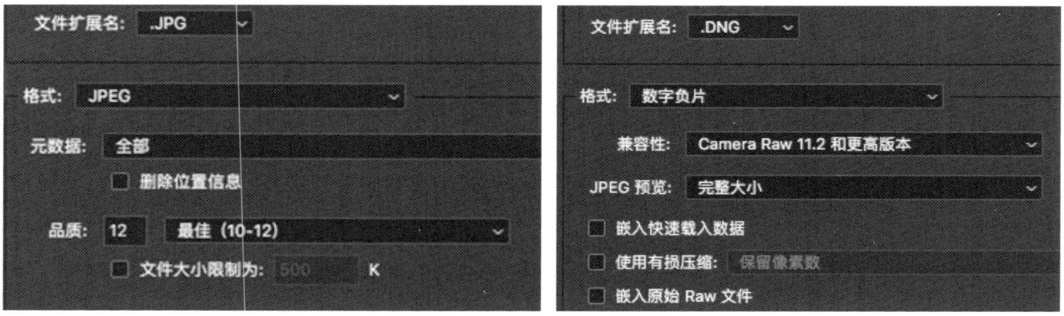

图 6-1-5　“文件扩展名”与“格式”相关联

## 第二节　图片存储格式

“存储选项”操作界面中的“格式”选项用来选择图片存储的格式，在格式下拉菜单中从上到下分别为“数字负片”“JPEG”“TIFF”“Photoshop”“PNG”5种图片格式，如图6-2-1所示。

数字负片（DNG）是一种公共存档文件格式，可存储各类数码相机拍摄的原始图片数据以及定义数据含义的元数据。由于各个相机厂家创建的原始数据文件不统一，不同品牌的相机拍摄出来的数字文件在解RAW文件的软件应用上通用性不强，数字负片格式可以在保留原始数据的同时保证数字文件的通用性，确保图片使用者能够轻松地访问不同设备拍摄出来的原始数据文件。当“格式”选择“数字负片”时，可以根据自己的实际需求通过选项卡中“兼容性”“JPEG预览”“嵌入快速载入数据”“使用有损压缩”“嵌入原始Raw文件”5个选项进行相对应的选择。为了保证文件在任一版本的Camera Raw中都能打开，在此我建议大家保持默认设置，如图6-2-2所示。

JPEG是一种有损压缩的图片文件格式，支持CMYK、RGB、灰度图片等多种色彩系统，但是色彩深度仅支持8位，如果将色彩深度为16位的图片存储为此格式，那么软件会自动降低为8位深度。相对于其他图片格式而言，JPEG图片格式是一种通用性和压缩质量都控制得较好的图片文件格式，既可以保证图片的输出质

图6-2-1　“格式”选项界面

量，又能有效地降低图片的容量，相对于数字负片和 TIFF 格式来说，JPEG 格式的文件体积要小很多，既可以满足印刷输出的需求，也可以用于网络展示。虽然 JPEG 图片文件格式是一种有损压缩文件格式，但是这种有损压缩是可控的，由低到高分别为“低（1—4）”“中（5—7）”“高（8—9）”“最佳（10—12）”4 种规格，压缩级别越高，得到的图片品质越低；压缩级别越低，得到的图片品质越高。“最佳（10—12）”选项是压缩级别最低的选项，输出的图片质量与原图片几乎无分别，如果对图片输出有具体的容量要求，可以通过文件大小限制来进行具体数字的设置，比如上传证件照时通常要求不超过 300K，这样就可以通过此设置来实现。当“格式”选择 JPEG 时，我们可以通过选项卡中“元数据”选项选择要保留的元数据类型或者删除元数据信息，如图 6-2-3 所示。

TIFF 是一种无损压缩的位图图片格式，

图 6-2-2　选择“数字负片”格式的调控界面

图 6-2-3　选择“JPEG”格式的调控界面

支持 CMYK、RGB、Lab、灰度图片等多种色彩系统，色彩深度最大可支持 16 位，通道支持 32 位。由于 TIFF 文件格式涵盖的图片信息量丰富，在不使用“LZW”和“ZIP”压缩的情况下，一张 TIFF 格式图片可达到上百兆，一般在做展览、作品收藏、画册等大尺寸的输出时选择使用。由于此格式文件体量较大等因素，会限制其在网络等电子环境下的使用。当“格式”选择 TIFF 时，我们可以通过选项卡中“元数据”选项选择要保留的元数据类型或者删除元数据信息，也可以选择“LZW”或“ZIP”两种无损压缩方式进行存储；如果选择“无”则不进行压缩，输出的图片体积就会非常大，如图 6-2-4 所示。

Photoshop 简称 PSD，是 Adobe Photoshop 默认的存储文件格式，其色彩深度最大可支持 16 位，通道支持 32 位，是唯一一个支持 Photoshop 软件中所有功能的文件格式。Photoshop 文件格式除了可以存储图片的颜色信息和明度信息外，还可以存储 Photoshop 软件中的图层、通道、蒙版、颜

图 6-2-4　选择“TIFF”格式的调控界面

图 6-2-5　选择“Photoshop”格式的调控界面

色模式等信息。由于此文件格式存储的信息丰富、庞杂，所以文件体积比较大，同时，支持此格式的图片查看器较少，文件的通用性不佳，不适合预览、网络展示等场景应用。在实际应用中，这种格式的文件一般只作为工程文件在 Photoshop 中使用。在此软件中应用时，它不仅便于文件的修改，还能与 Adobe 公司的其他软件很好地兼容。当“格式”选为“Photoshop”后，我们可以通过选项卡中“元数据”选项对图片的元信息、解 RAW 处理的信息及位置信息进行保留或者删除，如图 6-2-5 所示。

当“保留裁剪的像素”选项被选中时，在 Camera Raw 解 RAW 时对文件的裁剪内容将被保留，这将便于在 Photoshop 中再次裁剪调整。下面以案例演示加以说明。

在 Camera Raw 中打开图片，然后运用“裁剪与旋转”工具对一幅横向图片做竖向的裁剪，如图 6-2-6 所示。

裁剪完成后，将图片的存储格式选择为“Photoshop”格式，并把“保留裁剪的像素”选项勾选上，如图 6-2-7 所示。

当再用 Photoshop 打开刚刚保存的 Photoshop 格式图片时，我们可以运用 Photoshop 中的“裁剪工具”在把解 RAW 时裁剪掉的画面恢复并进行重新调整，如图

图 6-2-6　将横向图片裁剪为竖图

6-2-8 所示。

“PNG”是用于无损压缩和在 Web 浏览器上显示图片的格式，支持 24 位图片并产生无锯齿状边缘的背景透明度；支持无 Alpha 通道的 RGB、索引颜色、灰度和位图模式的图片。PNG 还可以保留灰度和 RGB 图片中的透明度。但是，某些 Web 浏览器不支持 PNG 图片。

图片的应用场景和展示方式多种多样，针对不同的应用场景会有不同的输出格式。我们可以将图片输出的规格分为最高规格、中等规格和一般规格三种。当输出最高规格时，我建议采用 TIFF 或者 Photoshop 格式，运用最大的尺寸、分辨率及色彩深度进行输出，用于展览、收藏、出版等场景。对于最终以纸质方式呈现的作品，一般会采用印刷输出或者数码微喷输出。这种输出方式对图片格式、色彩空间、色彩深度、分辨率等方面的要求最高——尤其是收藏级或者展览级的纸质输出，所以在印刷输出的规格上最好使用最高规格。当输出中等规格和一般规格时，我建议采用 JPEG 文件格式输出，运用中等或者偏小的尺寸、72 分辨率、8 位色彩深度进行输出。这种输出方式通常用于网络展示、交流、投稿等一般应用场景。一般用于网络呈现的作品，长边尺寸通常设置为 1500—2000 像素、72 分辨率即可满足需求。此外，还有一点需要注意，多规格的成片输出往往便于在日后的图片应用时直接调取，可以减少不必要的重复性操作。

格式：Photoshop

元数据：全部

删除位置信息

保留裁剪的像素

图 6-2-7 选择“Photoshop”为存储格式

图 6-2-8　重新恢复之前被裁剪掉的画面

## 第三节　图片色彩空间的选择

“存储选项”操作界面中的“色彩空间”调整区中分别有“色彩空间”和“色彩深度”两个选项，在“色彩空间”下拉菜单中罗列有 Gray Gamma 1.8、Gray Gamma 2.2、Adobe RGB（1998）、ColorMatch RGB 等色彩空间模式，可以根据图片的呈现介质有针对性地进行选择，如图 6-3-1 所示。“色彩深度”是指图片中所包含的最大色彩数值，以 2 进制的位（bit）为单位，用位的多少表示色彩数的多少。“色彩深度”决定了图片色彩之间过渡和变化的细腻程度，色彩深度数值越高，图片中的颜色就越丰富，颜色之间的过渡就越自然和平滑。

在“色彩深度”下拉菜单中有“8 位 / 通道”和“16 位 / 通道”两种色彩深度，8 位 / 通道就是说 8 位色彩深度的每个通道能记录 256（$2^8$=256）种颜色，那么 3 个通道一起共可以记录 16777216 种颜色；而 16 位 / 通道则可以记录 65536 种颜色，那么 3 个通道一起可以记录 279213318656 种颜色，所以 16 位 / 通道的色彩空间更大。虽然 16 位 / 通道记录色彩更丰富，但是支持此色彩深度的图片格式较少，通用性不强，一般只在图片高精度输出时用此色彩

图 6-3-1　“色彩空间”选项卡

图 6-3-2　“色彩深度”选项卡

深度。常用的 JPEG 图片格式只支持 8 位 / 通道，如图 6-3-2 所示。

关于色彩空间的选择，有些人会有几个疑问：这么多的色彩空间模式，该选哪个好呢？为什么不同的色彩空间输出的图片颜色会有偏差？等等。其实在这些色彩空间里最常用到的有 Adobe RGB、sRGB、ProPhoto RGB 和 CMYK 四种。Adobe RGB、sRGB 和 ProPhoto RGB 都是 RGB 色彩空间，采用红、绿、蓝三原色的亮度值来表示颜色，以红、绿、蓝三色光互相叠加来实现混色。RGB 色彩空间是使用最多的颜色模式，主要运用在图片采集设备、后期软件的工作空间及显示设备等方面。在色彩空间上，ProPhoto RGB 最大，Adobe RGB 的色彩空间又要大于 sRGB 的色彩空间，如图 6-3-3 所示。

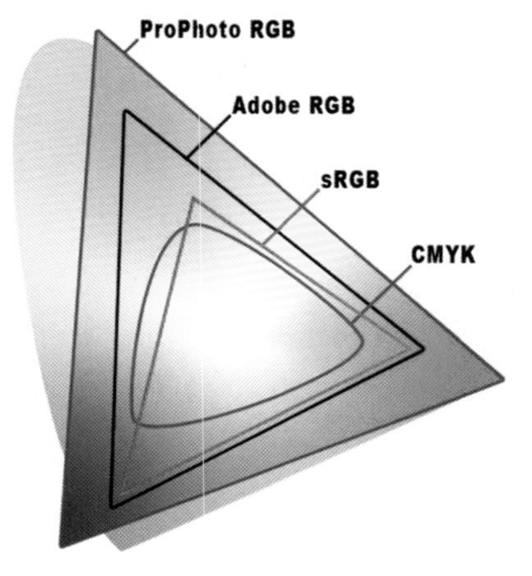


图 6-3-3　ProPhoto　RGB、Adobe　RGB、sRGB 和 CMYK 色彩空间之间的关系

ProPhoto RGB 是由柯达公司研发出来的色彩空间，色域广，显示颜色更加丰富，在后期调色时可以相对减少色彩丢失，但是支持此色彩空间的设备和图片格式相对较少，通用性不强。同时，ProPhoto RGB 色彩空间需要更高的位深度来与之相匹配，否则色彩同样会丢失，反而造成图片质量下降。由于此色彩空间包含的信息比较丰富，所以输出的文件比较大。

Adobe RGB 色彩模式是由 Adobe 公司于 1998 年推出的色彩空间标准，与 sRGB 色彩空间相比，它拥有更大的色彩空间和良好的色彩层次表现，适合用来模拟印刷色，在印刷领域得到广泛应用。

sRGB 色彩模式是由微软和惠普公司主导制定的标准色彩空间，此色彩空间通用性较好，主要是为了让显示器、数码相机、扫描仪、投影仪等各种计算机的外部设备与应用软件对色彩能有好的通用性，让色彩在各种设备之间转换时实现更加精准的模拟。

Adobe RGB 色彩空间和 sRGB 色彩空间是与前期拍摄、后期调整及输出应用关联比较紧密的两种色彩空间。在前期拍摄中，如果图片格式设置为 JPEG（RAW 文件是以最大的数据记录图片信息，与色彩空间无关），为了让拍摄出来的图片有更丰富的色彩表现，给后期颜色调整留有更大的空间，建议在相机的色彩空间设置上选择 Adobe RGB 色彩模式，色彩深度选择最大色彩深度，这样就可以在拍摄时最大限度地获得色域较广的图片了。在后期颜色调整时，只要把软件中的工作空间设置成 Adobe RGB 或者更大的色彩空间，即可最大限度地获得色彩的丰富程度，并减少色彩在转换和调整过程中的丢失和偏差。

虽然 Adobe RGB 色彩空间的色域覆盖范围很广，但并不是所有的显示设备、图片查看器、输出设备等都支持此色彩空间，只有在相机图片采集、显示设备、图片处理软件、操作系统、输出和设备全部流程都支持 Adobe RGB 色彩空间的情况下，才能实现不同设备或媒介上的图片颜色一致的效果。与 sRGB 色彩空间相比，Adobe RGB 色彩空间的应用范围更为广泛。由于 sRGB 色彩空间是由微软和惠普主导研制的较早的色彩空间标准，为方便实现色彩相互模拟，所以大部分的扫描仪、显示屏、打印机、投影仪、浏览器等设备的默认色彩空间是 sRGB 色彩空间。与 Adobe RGB 色彩空间相比，sRGB 的色彩空间虽然较小，但是在颜色的管理上，它要比 Adobe RGB 色彩空间和 ProPhoto RGB 色彩空间容易。

由于每种色彩空间的大小不一，导致图片颜色在不同级别的显示设备、输出设备、媒介的传递或者呈现时会产生颜色偏差，因此图片输出时，在色彩空间的选择上要根据图片的应用场景来进行选择。如果所输出的图片是应用在印刷、艺术微喷或支持 Adobe RGB 的显示设备上，那么在图片输出时，我们可以将输出图片的色彩空间设置为 Adobe RGB，色彩深度可以设置为 16bit；如果输出的图片是应用于网络、投影仪或者支持 sRGB 色彩空间的显示设备上，那图片输出时，我们要把输出图片的色彩空间设置为 sRGB，避免同样颜色在不同的显示设备上出现色差。在图片传递时，我们尽量选择无损的方式进行传递，避免因传递过程的压缩导致图片质量下降和颜色丢失。

# 第四节　图片输出尺寸

“存储选项”操作界面中的“调整图片大小”选项主要是用来调整存储图片输出尺寸的，可以通过“调整大小以适合”复选框中的宽度与高度、尺寸、长边、短边、百万像素、百分比这几种方式来调整图片的大小，同时还可以运用分辨率来设置输出图片的清晰度。默认状态下，“调整大小以适合”复选框是没有被勾选上的，其显示为灰色，表示该功能不能使用，图片会保持原尺寸进行存储，如图 6-4-1 所示。当“不放大”选项被勾选上时，表示图片调整的尺寸不会超出原尺寸，一旦输入的尺寸超过原尺寸，则软件会自动把尺寸调小。

“分辨率”是指同样的物理尺寸下存储的信息量，以 PPI 为单位。同一尺寸图片的分辨率越高，图片颗粒感越小，画面越细腻，反之则越模糊。常用情况下，分辨率会设置为 72 PPI 和 300 PPI，如果输出的图片是用于屏幕显示的，则 72 PPI 和 300 PPI 分辨率在最终呈现上的区别不大；如果图片要用印刷机或微喷机输出，那么我们要将分辨率要设置为 300 PPI，这样设置的印刷精度会更高。我们可以根据自己的需求进行设置。

图 6-4-1　“调整图像大小”界面

**【思考与练习】**

1. 图片输出和图片管理应注意哪些要点？

2. 不同图片格式有哪些特点？作用是什么？

Chapter

# 第七章　图层

7

**【学习目标】**

1. 了解图层的定义和分类。

2. 了解图层混合模式的原理，并熟练运用图层混合模式进行图片合成。

前面几章详细介绍了后期调整制作环节的调整思路，及其相应调整工具的应用，熟练运用这些方法基本可以对图片进行调整和强化，完成摄影后期调整中的绝大部分工作。然而对于部分有一定后期制作基础或有更多创新想法的人来说，这些内容恐怕并不足以满足需求，他们可能希望有更丰富、更高级的后期调整技术，如分层调整、图片合成、滤镜叠加等数码后期技术，以辅助自己制作出达到预期效果的图片或其他更有创意表现的作品。对于这种高阶需求，仅凭我们之前介绍的软件 Camera Raw 是不能满足的，而是需要综合运用 Photoshop 软件中的图层、选区、蒙版等工具才能得以实现。

本章从图层的定义、种类、图层混合模式的原理及应用几方面进行讲解，帮助大家在使用图层进行图片合成时做到高效且尽可能完美。

## 第一节　图层定义

简单来说，图层就像一张张按顺序叠放在一起的带有文字或图形图像等元素的透明纸。图层与图层之间既是独立的，也是相互关联的，在操作上，对单个图层的编辑、移动是不会影响到其他图层的，但是上面图层的内容会遮挡住下面图层的内容，也可以从上面图层的透明区域看到下面图层的内容，由多个图层叠加起来就形成了最终的画面。

从图 7-1-1 可以看出，左侧图片的合成效果图是由右侧的背景、月亮、鸟 3 个图层叠加在一起形成的最终效果。由于月亮和鸟两个图层中的黑色和白色被图层混合模式过滤掉了，所以图片便自然地融合叠加在一起了。如果觉得鸟和月亮的位置、大小比例不合适，还可以单独对鸟和月亮的图层进行移动和编辑而不影响背景图层。

图层的操作界面中罗列了很多操控图层或者为图层添加效果的工具按钮，如“图层面板菜单”“过滤”“图层混合模式”“图层不透明度”等图层调整选项。图层的操作是个相对复杂又综合的过程，如果图层类型比较多，则可以运用“过滤”选项快速通过图层“名称”“效果”“模式”“属性”“颜色”等类型选项来进行快速筛查；当然也可以点击类型选项后面的图层类型选项进行筛选，一般这个选项在摄影后期中运用得较少，在做设计类工作时使用得较多。

图层混合模式是通过算法对混合图层像素进行替换来实现图层混合效果的，结合图层不透明度可以混合出多种图层叠加效果。通过“指示图层可见性”按钮可以控制图层显示和隐藏。如果要把多个图层链接在一起，以便于移动编辑操作，可以选中要链接的所有图层，然后单击“链接图层”图标即可。通过“添加图层蒙版”可以为图层添加蒙版，运用编辑蒙版操作可以做图片无损编辑。运用“创建新的填充或调整图层”可以创建填充或者调整图层，运用填充或者调整图层来对图片进行明暗或者颜色的调整。“删除图层”和“创建新图层”主要是执行对图层的删除和创建指令。如果图层比较多，可以运用“创建新组”按钮来创建图层组，将图层以组的方式放到图层组里，以便于查找和管理图层。当“指示图层部分锁定”按钮处于锁定状态时，表示此图层内容不可编辑。以上提及内容如图 7-1-2 所示。

图 7-1-1　图层叠加效果图

图 7-1-2　图层调整操作界面

# 第二节　图层种类

在 Photoshop 中，图层大致分为空白图层、像素图层、调整图层、智能对象图层、文字图层、形状图层 6 种。空白图层不含任何信息和内容，在图层缩览框中没有缩览内容，只有灰色和白色形成的像素方格，空白图层需要在图层上添加内容才会显示。在图层调整界面上点击“创建新图层”即可新建一个空白图层［快捷键 Control+Shift+Ait+N（Windows） 或 Command+Shift+Option+N（Mac OS）］，如图 7-2-1 所示。空白图层在数码后期中的运用较少，在数字绘画和图形图片设计领域运用较多。

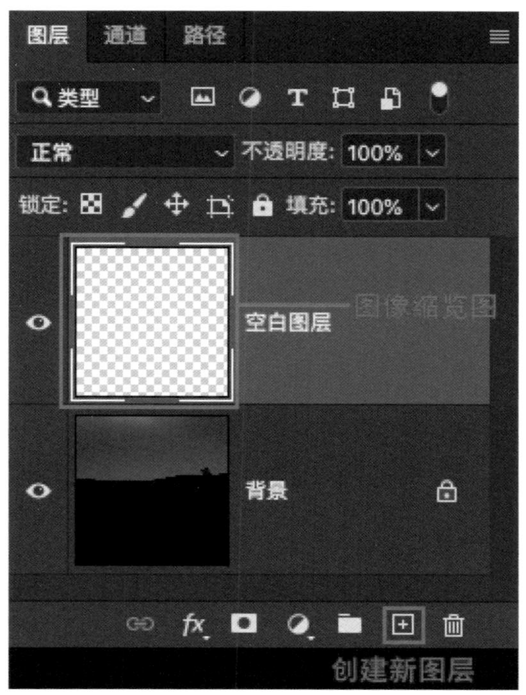


图 7-2-1　空白图层

## 一、像素图层

像素图层是指图层中包含有像素信息的图层，一般是指图层中带有图像或图形，在图层缩览框中有图层内容的缩览图。像素图层是摄影后期中使用频率非常高的图层类型，后期操作可以对像素图层中的内容进行局部删除、复制、移动、调色等图片编辑操作，使编辑过的像素图层与其他图层叠加起来形成图片合成的效果图。下面以案例演示加以说明。

图 7-2-2 中的两幅图分别拍摄的是城市拆迁和古城夜景两个场景，作者想要通过图层的删减达到用古城夜景替换掉拆迁场景中水面的效果。

在 Photoshop 中把两幅图片在一个工程文件中打开，一幅为“背景”，一幅为“古街”，如图 7-2-3 所示。古街图层在背景图层的上方，这样，古街图层的内容才能把背景画面中的水给遮挡住。此步骤的操作方法如下：在 Photoshop 中先打开一幅图片，然后点击 Photoshop “文件”下拉菜单中的“置入到嵌入对象”选项，选择要置入的图片即可把图片置入到一个工程文件的图层界面中。

在工具栏中选择“移动工具”，将古街图层的位置向右下角拖拽，使古街在替换水面区域后有完整的呈现，如图 7-2-4 所示。

运用 50% 透明度的“橡皮擦工具”把古街图层中的多余内容擦除，这样，古街替换水面的效果就完成了，如图 7-2-5 所示。

图 7-2-2 两幅素材原图（拍摄者：李超）

图 7-2-3 在一个工程文件中打开两幅图片

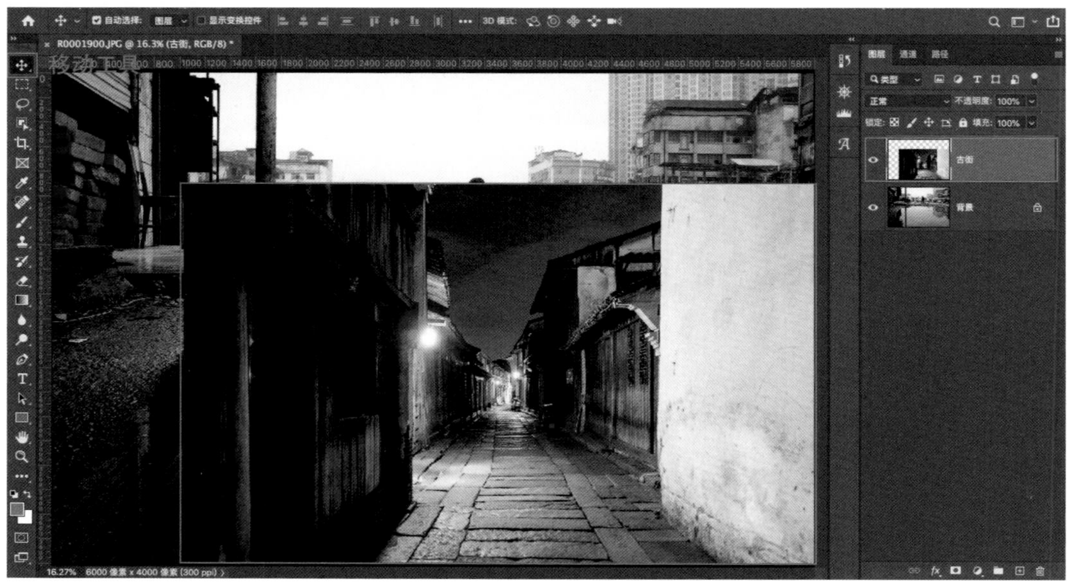


图 7-2-4　移动古街图片至右下角

图 7-2-5　擦除古街图层多余内容

## 二、调整图层

调整图层是一种不破坏图片原始数据的调整模式。调整图层没有任何内容，只有模拟参数，通过参数的模拟来实现颜色填充或明暗和颜色的调整效果。模拟数值可以随时编辑。调整图层不依附于任何现有图层，但不能单独存在，在使用时，如果没有区域设置，调整图层会影响到它下面的所有图层。调整图层除了具备颜色填充、调整明暗和颜色功能之外，与其他图层一样，也可以调整混合模式、不透明度等。默认状态下，调整图层带有蒙版，可以通过编辑蒙版来控制调整效果影响的区域，同时也可以双击调整区来对调整参数进行修正，如图 7-2-6 所示。操作时注意对调整区和蒙版区的选择，避免因选择错误而产生其他的问题。

通过“创建新的填充或调整图层”选项可以建立新的调整图层，在“创建新的填充或调整图层”的下拉菜单中从上至下分别为“纯色”“渐变”“图案”“亮度 / 对比度”“色阶”“曲线”等调整工具，调整图层就是通过这些调整工具来实现图层调整效果的，它们可以分为 4 类，分别为填充类、明暗类、颜色类和差值类，如图 7-2-7 所示。

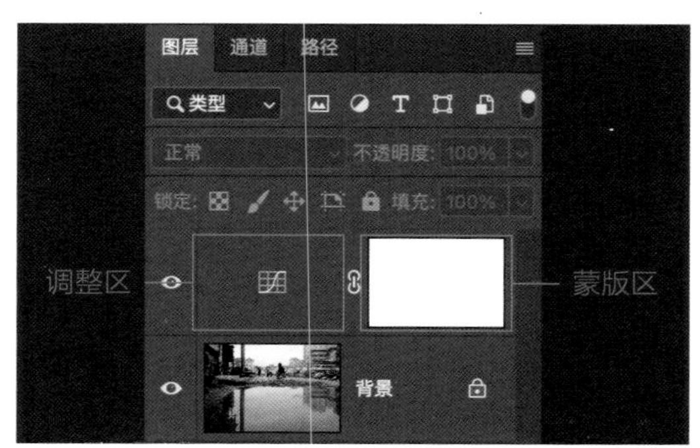


图 7-2-6 调整图层界面

填充类图层分为“纯色”“渐变”“图案”3 种类型，主要是对图层填充纯色、渐变色或图案，通常结合图层混合模式、不透明度、蒙版等来做调整效果。比如通过填充纯色来做色调调整，如图 7-2-8 所示，新建一个红色的填充调整图层，然后把调整图层的不透明度调为 50%，这样即可给图片蒙上一层 50% 透明度的红色。

明暗调整类分为“亮度 / 对比度”“色阶”“曲线”“曝光度”4 个调整工具，它们都是用来调整图片的明暗变化分布的，明暗调整类工具中有大部分工具的操作和作用效果与前面所讲的解 RAW 内容类似。“亮度 / 对比度”主要是可以同时调节图片的亮度和对比度，数值越高，图片就越亮，对比度也越强；数值越低，图片就越暗，对比度也越弱。当“使用旧版”被勾选上时，调整的亮度和对比度效果会被增强。

“色阶”是通过控制图片的阴影、中间调和高光的明暗变化来实现图片明暗的调整，“色阶”的调整范围和精确数值是

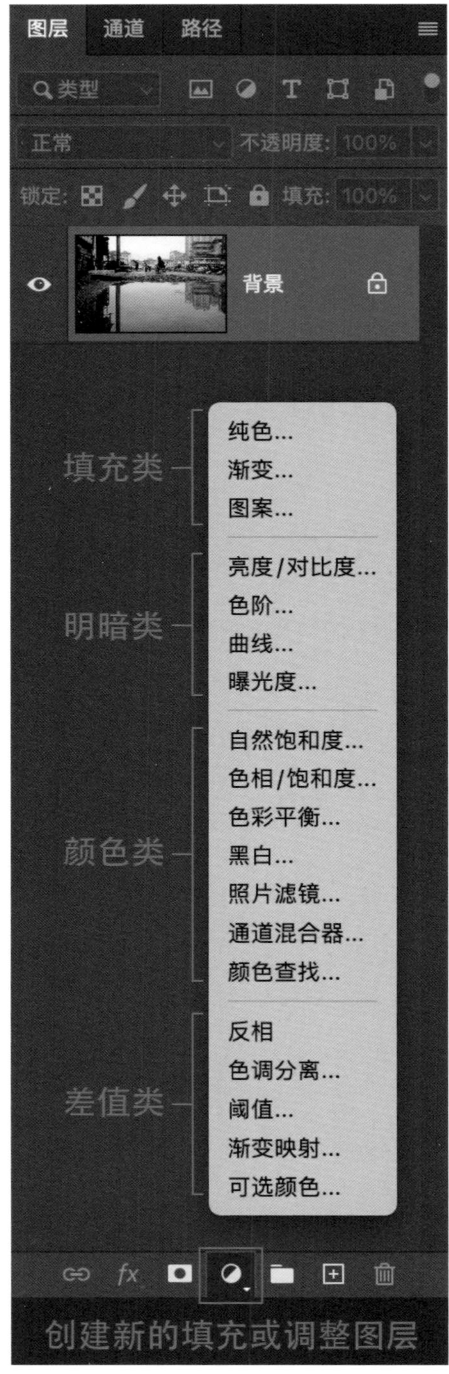


图 7-2-7　“创建新的填充或调整图层”界面

以直方图作为参考的，通过拖拽高光、中间调、阴影 3 个滑块来调整对应直方图的分布，如图 7-2-9 所示。滑块向右拖拽，对应的调整区域就越亮，反之则越暗。调整时注意观察直方图的分布，避免高光和阴影出现断层现象。“色阶”操作界面的左侧分别有“黑场”“灰场”和“白场”3 个吸管，通过这 3 个吸管在图片中取样，我们可以重新定义图片的最暗、中间灰及最亮的区域。

操作界面中的输出最暗值和输出最亮值两个滑块可以控制图片输出的最亮值和最暗值，其默认状态下输出色阶为 0 和 255，当输出最亮和最暗滑块有变化时，输出色阶的数值也会相应做出调整。色阶调整图层还可以通过“此调整影响下面所有图层”选项来控制调整图层是否只影响下方第一个图层，同时还可以运用“切换图层可见性”和“删除此调整图层”来对调整图层的效果进行预览和删除（因“此调整影响下面所有图层”“切换图层可见性”和“删除此调整图层”这几个选项比较常用，所以每个图层都有这 3 个选项，后面不再重复详解）。

当然，色阶也可以通过通道选项来调整，默认状态下，这里是 RGB 复合通道。当我们选择通道红、绿、蓝中的任一通道时，便可以对此通道进行调整，调整的方

图 7-2-8 对图片填充 50% 的纯红色

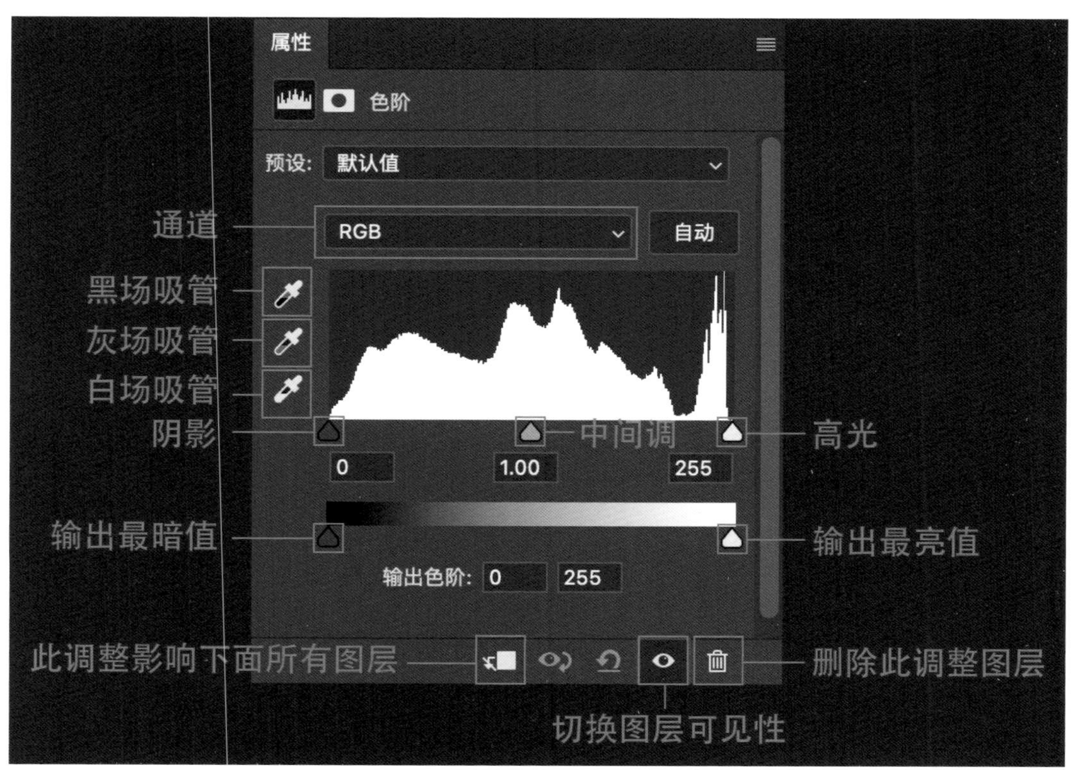


图 7-2-9 明暗调整界面

式和曲线类似，即通过高光、阴影、中间调 3 个滑块分别对相对应的区域进行颜色叠加。

“曲线”和“曝光度”的相关知识和操作在前面已经做了详细介绍，这里不再做重复详解。

颜色调整区分为“自然饱和度”“色相 / 饱和度”“色彩平衡”“黑白”“照片滤镜”“通道混合器”“颜色查找”7 个颜色调整工具。“自然饱和度”“色相 / 饱和度”“色彩平衡”“黑白”和 Camera Raw 中的“自然饱和度”“混色器”“颜色分级”及“黑白混色器”调整原理和操作类似。“自然饱和度”可以使画面饱和度不高的颜色更鲜艳，同时保证饱和度高的颜色不会出现饱和度溢出。“色相 / 饱和度”主要用来调整颜色的色相、饱和度和明度，在“色相 / 饱和度”属性界面中从上至下分别为“预设”“取样模式”“色相”“饱和度”“明度”“着色”6 个调整选项。“预设”调整选项主要是用来选择工具自带的预设效果，有增加饱和度、旧样式、红色提升等效果。“取样模式”选项中有两种取样方式，一种是选择“全图”下拉菜单中的颜色种类，当选中某种颜色为调整颜色时，下方的“色相”“饱和度”“明度”调整控件调整的效果只对所选颜色起作用。另一种是通过点击小手图标并运用吸管工具在图片中吸取样本颜色，然后再对样本颜色的色相、饱和度、明度进行调整。当样本颜色范围吸取不精准时，可以运用 3 个吸管工具对颜色选择增加或者减少（吸管工具在全图模式下不可用）。当“着色”被勾选上时，图片会变成单色，通过对色相、饱和度、明度的调整可以达到对图片上色的效果。

“色相 / 饱和度”调整工具的调整范围要比 Camera Raw 中的“混色器”广。“混色器”中的色相改变只能在邻近色中调整，但调整图层中的“色相 / 饱和度”工具可以对颜色进行 360 度的调整。“色相”调整控件的最小值 -180 与最大值 180 调整的颜色效果一致。当“饱和度”调整控件的数值为最小值 -100 时，图片中所选颜色会变成灰色；当调整控件数值增加时，图片中所选颜色的饱和度也随之增加。当“明度”调整控件的数值为最小值 -100 时，图片中所选颜色会变成黑色；当调整控件数值增加时，图片中所选颜色的亮度也随之增加，如图 7-2-10 所示。

“色彩平衡”调整工具是通过对图片中的高光、中间调和阴影区域进行分区选择，实现对不同明暗区域的颜色调整。它与 Camera Raw 中的“颜色分级”调整工具调整效果类似，只是在界面设置和操作上有所差异。“色彩平衡”调整工具需要在

“色调”选项中对“阴影”“中间调”“高光”进行选择，然后再拖拽颜色调整滑块对所选区域进行颜色调整，而“颜色分级”只需要选择对应区域的调整色轮，然后转动色轮颜色选择点即可。当“保留明度”被勾选上时，图片的明度值不会随颜色的调整而受到影响，默认状态下，此选项是被勾选上的，以保持图片中的整体色调平衡，如图 7-2-11 所示。界面上的 3 个颜色滑块既可以对画面进行单一颜色的调整，又可以通过颜色叠加为画面调取其他颜色。调整控件被拖拽向哪种颜色，所选区域的图片内容就会倾向哪种颜色。如“色调”选择“中间调”，将青色与红色滑块拖拽到青色方向，即表示中间调的颜色被调整为倾向青色。

“黑白”调整工具是将图片中的色相、饱和度去除，只保留明度（即黑白）效果，通过对颜色明度的调整来改变画面的明暗分布。相对 Camera Raw 中的“黑白混色器”调整模式而言，“黑白”模式的调整明暗变化强度更大，反差对比效果更明显，但并不是所有的图片变成黑白都适合此模式。通常情况下，颜色比较丰富、饱和度相对偏高的图片调整出来的效果会更明显。当“色调”复选框被勾选上时，图片将变为单色的灰度图片，此时可以通过单击“色调”复选框后的颜色界面进行颜色选择，如图 7-2-12 所示。当点击“自动”按钮时，该按钮会自动设置图片颜色区域的灰度分布，使灰度分布最大化，转换成黑白画面之后的图片灰阶更加均匀。

图 7-2-10　“色相 / 饱和度”调整界面

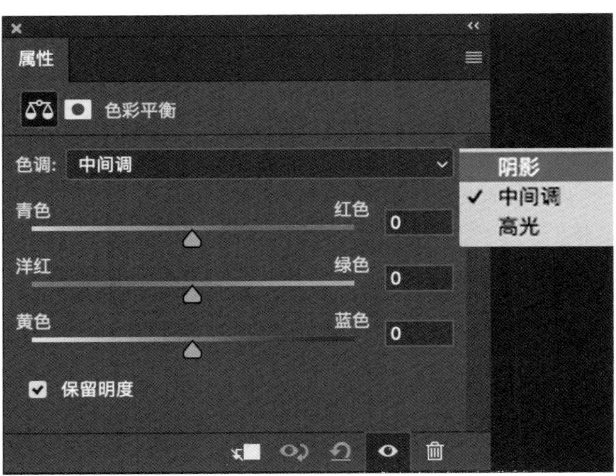


图 7-2-11　“色彩平衡”调整界面

“照片滤镜”调整工具是在保留图片明暗的基础上快速给图片添加一种颜色，通过模仿在相机镜头前面叠加彩色滤镜达到调整颜色的效果。在“滤镜”下拉菜单中有加温滤镜（Warming Filter）、冷却滤镜（Cooling Filter）等多种预设可供选择，如图 7-2-13 所示。如果想选择其他颜色，可以用“颜色”选项中的拾色器选择任一颜色做滤镜。“密度”滑块数值越高，颜色调整幅度就越大，反之则越小。当“保留明度”被选中时，在不改变图片明暗变化的基础上可以给图片添加颜色滤镜。

“通道混合器”调整工具是依据 RGB 三原色叠加原理设置的颜色调整模式，通过使用图片现有颜色通道混合来实现对“输出通道”颜色分布的调整。“输出通道”就是要改变的颜色通道，拖动红、绿、蓝 3 个颜色调整控件，只会改变“输出通道”中选择的通道颜色分布。初始状态下“输出通道”以“红”通道为默认输出通道。当输出通道为红通道时，红色滑块数值为 100%，其他通道数值为 0%。当“单色”选项被勾选上时，可以调整“通道混合器”中每种颜色通道的百分比创建高品质的灰度图片。

当“输出通道”为“红”通道时，表示“红色”“绿色”“蓝色”3 个调整控件调整的结果都只影响红色。当“红色”

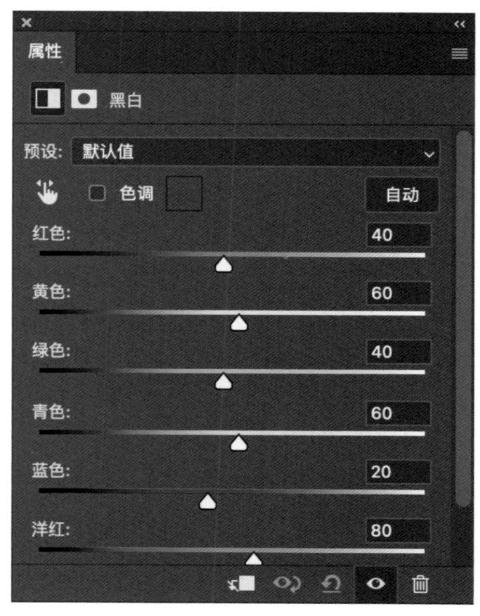


图 7-2-12“黑白”调整界面

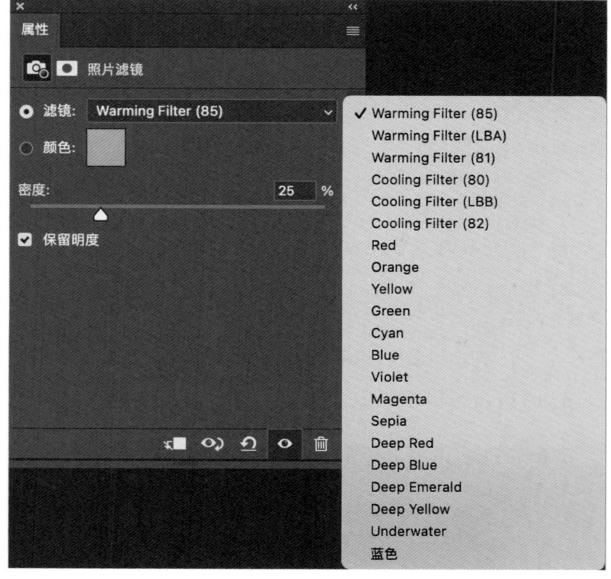


图 7-2-13 “照片滤镜”调整界面

调整控件数值为 100% 时，表示“输出通道”的红色输出为 100%，当“红色”调整控件数值为 0% 时，表示“输出通道”的红色输出为 0%，即没有红色输出。

图 7-2-14 中，在“红色”调整控件数值为 0% 时，色相环中最左侧的纯红色变成了黑色，其他带有红色的颜色也发生了改变。因为红色到黄色之间的颜色都是由不同比例的红色和绿色混合而成的，当红色为 0% 时，这些颜色都只剩下绿色。同时红色到蓝色之间的颜色因为红色的去除，也都变成了不同明度的蓝色。图 7-2-14 的结果可以看出“通道混合器”的颜色调整不只会影响图片中的某一种颜色或者某区域里的颜色，而是会影响到图片中含被选中的所有颜色。

当“红色”和“绿色”调整控件数值为 100%、“蓝色”调整控件数值为 0% 时，表示通道里的红色和蓝色没有改变。但是“输出通道”里的绿色增加了 100% 的红色，红色加绿色得到黄色，所以色相环中的绿色逐渐向黄色偏移，如图 7-2-15 所示。“绿色”调整控件数值为负值时，表示“输出通道”里的绿色减少了红色，色相环中的黄色逐渐向绿色偏移。

当“红色”和“蓝色”调整控件数值为 100%、“绿色”调整控件数值为 0% 时，表示通道里的红色和绿色没有改变，但是通道里的蓝色增加了 100% 的红色，红色加蓝色得到品红色，所以色相环中的蓝色都逐渐向品红色偏移，如图 7-2-16 所示。“蓝色”调整控件数值为负值时，表示“输出通道”里的蓝色减少了红色，色相环中的品红色逐渐向红蓝色偏移。

当“输出通道”为“绿”通道时，表示“红色”“绿色”“蓝色”3 个调整控件调整的结果都只影响绿色通道。当“绿色”滑块数值为 100% 时，表示“输出通道”的绿色输出为 100%，当“绿色”调整控件数值为 0% 时，表示“输出通道”的绿色输出为 0%，即没有绿色输出，如图 7-2-17 所示。

如图 7-2-17 所示，在“绿色”调整控件数值为 0% 时，色相环中的绿色全部被消除，其他带有绿色的颜色也发生了改变。因为绿色到红色之间的颜色都是由不同比例的红色和绿色混合而成的，所以当绿色为 0% 时，这些颜色都只剩下红色了。同时绿色到蓝色之间的颜色因为绿色的消除，青色也逐渐向蓝色偏移。由于色相环制作时纯绿色不纯，含有红色和蓝色，所以当绿色值为 0 时，绿色没有变成黑色。

当“绿色”和“红色”调整控件数值为 100%、“蓝色”调整控件数值为 0% 时，表示通道里的绿色和蓝色没有改变，但是通道里的红色增加了 100% 的绿色，红色加绿

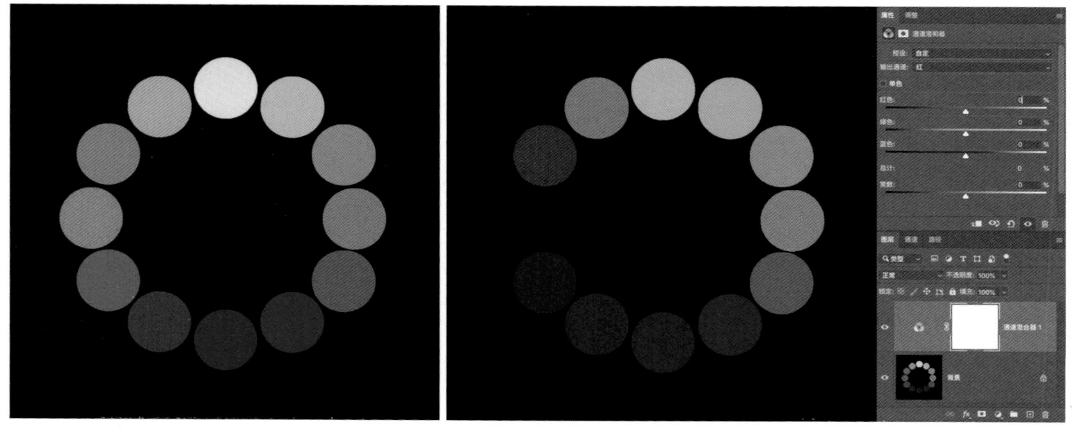

图 7-2-14　“输出通道”为“红”通道时，“红色”调整控件数值为 0% 的色相环效果与原色相环（左）的对比

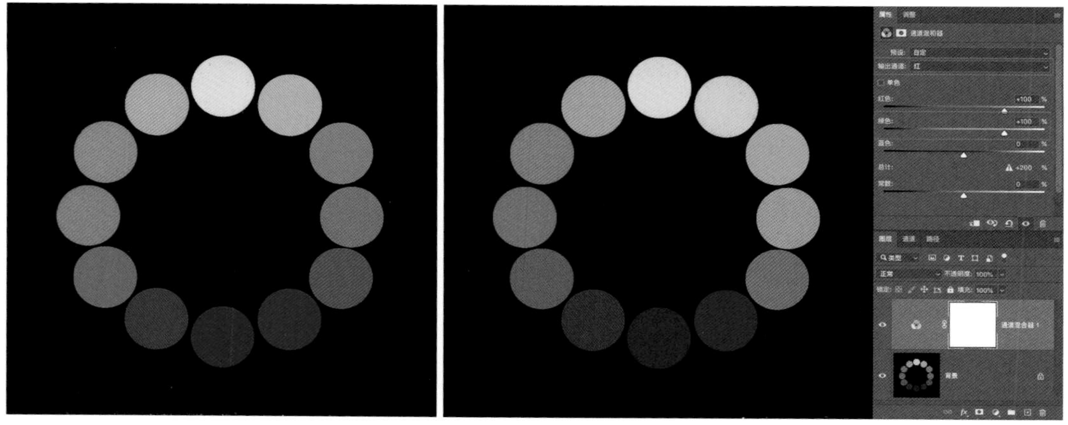

图 7-2-15　“红色”和“绿色”参数值为 100%，“蓝色”参数值为 0% 的色相环效果与原色相环（左）的对比

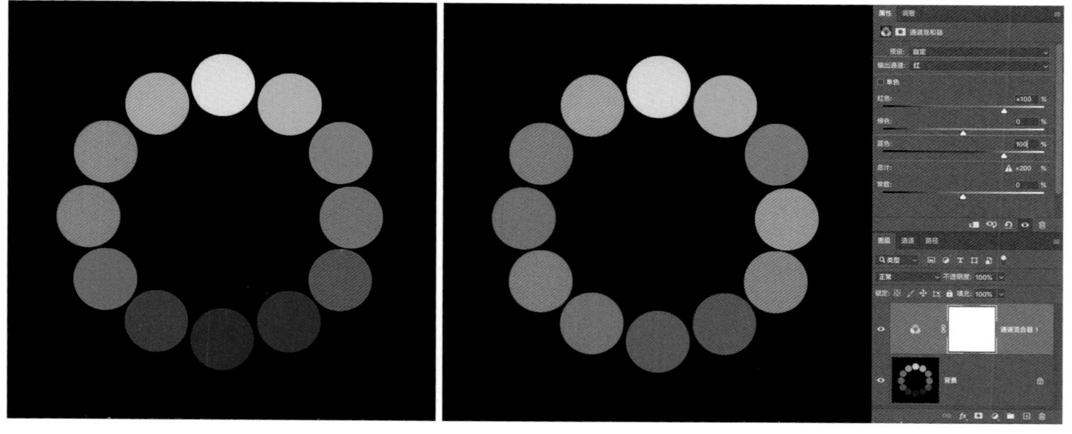

图 7-2-16　“红色”和“蓝色”参数值为 100%，“绿色”参数值为 0% 的色相环效果与原色相环（左）的对比

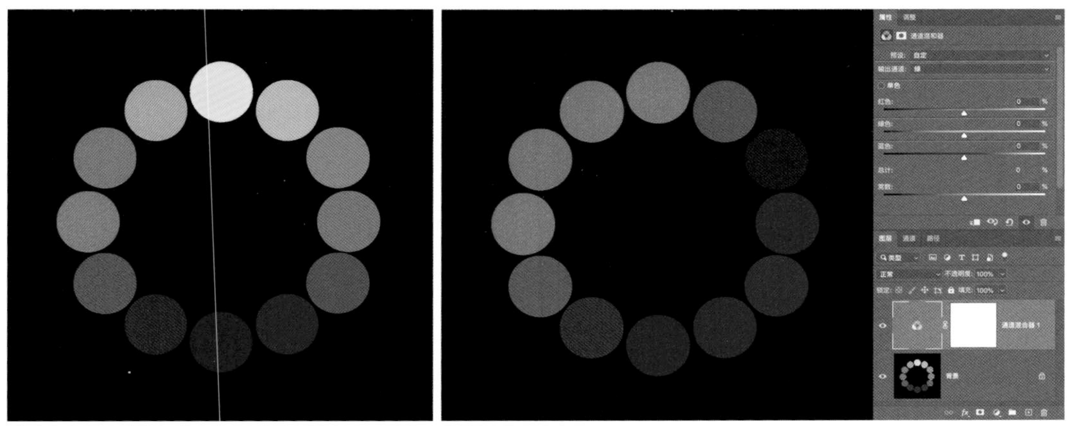

图 7-2-17“输出通道”为“绿”通道时，“绿色”调整控件数值为 0% 的色相环效果与原色相环（左）的对比

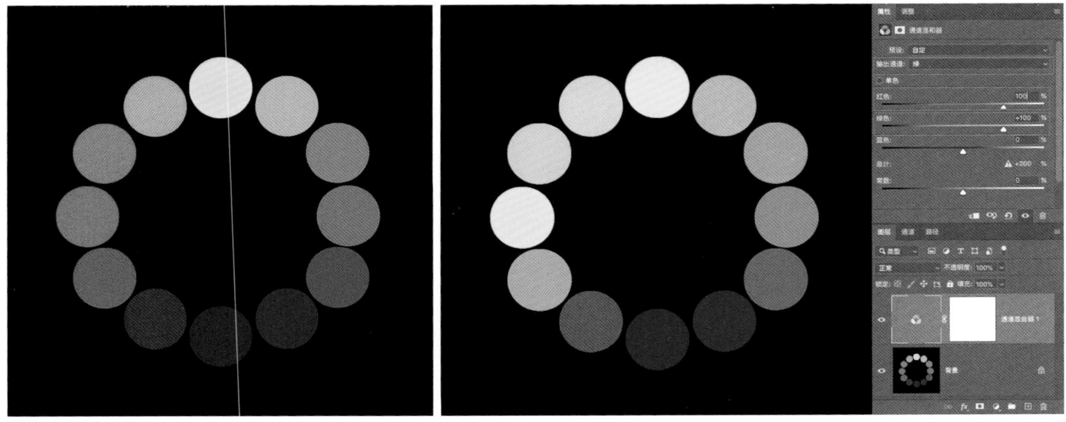

图 7-2-18 “绿色”和“红色”参数值为 100%，“蓝色”参数值为 0% 的色相环效果与原色相环（左）的对比

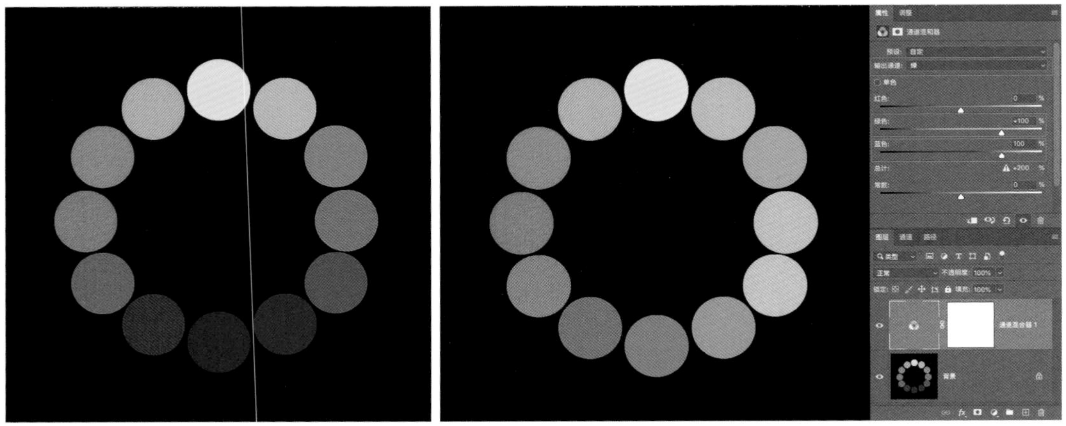

图 7-2-19 “绿色”和“蓝色”参数值为 100%，“红色”参数值为 0% 的色相环效果与原色相环（左）的对比

色得到黄色，所以色相环中的红色逐渐向黄色偏移，如图 7-2-18 所示。“红色”调整控件的数值为负值时，表示“输出通道”里的红色减少了绿色，色相环中的黄色逐渐向红色偏移。

当“绿色”和“蓝色”调整控件数值为 100%、“红色”调整控件数值为 0% 时，表示通道里的绿色和红色没有改变，但是通道里的蓝色增加了 100% 的绿色，蓝色加绿色得到青色，所以色相环中的蓝色逐渐向青色偏移，如图 7-2-19 所示。“蓝色”调整控件数值为负值时，表示“输出通道”里的蓝色减少了绿色，色相环中的青色逐渐向蓝色偏移。

由此可以推断出，当“输出通道”选择为“蓝”通道，“蓝色”滑块数值为 0% 时，图片中的蓝色将被去除，当“蓝色”和“红色”调整控件为 100%、绿色滑块为 0% 时，通道里的红色将逐渐向品红色偏移；当“蓝色”和“绿色”调整控件为 100%、“红色”调整控件为 0% 时，通道里的绿色将逐渐向青色偏移。

通过以上演示可以看出，不管是选择哪种输出通道，红、绿、蓝 3 个滑块无论是向左移动还是向右移动，都会使图片原本的颜色种类减少，使得色相更加统一。此外，我们还可以运用不同的输出通道与颜色滑块搭配使用来调整颜色。接下来，我们用一个案例来进行演示。

图 7-2-20 拍摄的是上海外滩夜景，图片中部分灯光的颜色饱和度较高，颜色种类较多，画面颜色看起来有点杂乱、不统一，颜色和氛围不是很浓厚。下面我们就用“通道混合器”将图片中的颜色进行适当统一，并适当降低画面中饱和度较高颜色的饱和度，这样，图片的整体颜色和氛围就会变得更浓厚了。

在 Photoshop 中打开图片，并用“创建新的填充或调整图层”选项新建“通道混合器”调整图层，然后选择“输出通道”为蓝色，然后将红色调整滑块调整成为 30%，蓝色调整滑块调整为 70%，如图 7-2-21 所示。这一操作主要是为了使图片中的蓝色偏向青色。

将“输出通道”调整为绿色，并把红色调整滑块数值调整为 20%，绿色调整滑块数值调整为 20%，蓝色调整滑块的数值调整为 40%，这样，画面中绿色的饱和度就适当降低了，同时，画面中的暖色都向品红色靠近，画面形成青色和品红色的色调相搭配的氛围。运用“通道混合器”调整工具调整颜色时，需要注意颜色调整控件的数值“总计”最好等于 100%，不然图片原本的白平衡会被改变。

调整后的图片在颜色上更加统一协调，整幅图片的人文氛围更加浓厚，图片中的

图 7-2-20　上海外滩夜景原图（拍摄者：钟海明）

图 7-2-21　创建“通道混合器”调整图层，选择“输出通道”为“蓝”，并调整“红色”“蓝色”滑块数值

图 7-2-22 选择“输出通道”为“绿”，调整“红色”“绿色”“蓝色”滑块数值

图 7-2-23 调整后效果

颜色过渡更自然和耐看，如图 7-2-23 所示。

“颜色查找”调整工具主要用来创建和保存 LUT 表。可以快速地为图片添加预设或自定义的色彩调整效果。在“3DLUT 文件”下拉菜单中有很多软件自带的预设，点击选择即可把预设添加到图片中，同时也可以通过“载入 3D LUT...”选项将自己制作或者其他人分享的 LUT 加载进来，如图 7-2-24 所示。“摘要”和“设备链接”文件统称 ICC（ICC Color Profile）文件，其中文名称为“设备色彩特性文件”，用来描述不同设备在颜色表现上的特点。ICC 文件是色彩管理能够实施的基础，有了 ICC 文件后，那些具备色彩管理功能的软件就可以根据不同设备的颜色特点准确地显示出颜色在不同设备上的转换和改变，同时让颜色在转换过程中的丢失最小。当“仿色”

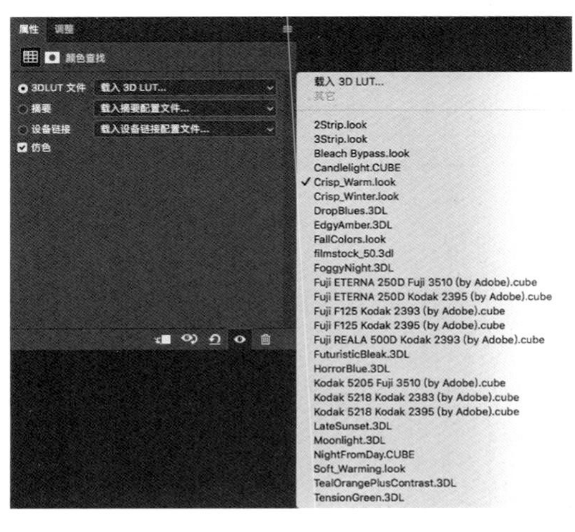


图 7-2-24　“颜色查找”调整工具界面

没有被勾选中时，加载的预设效果有可能会出现色彩断层、图片颜色不自然等现象。

差值调整区分为“反相”“色调分离”“阈值”“渐变映射”和“可选颜色”5 个调整工具，这些都是通过某种计算方式来对图片的明暗、颜色进行调整的。“反相”调整工具主要是反转图片中的明暗和颜色，创建负片的效果。当“反相”调整工具作用于图片时，图片通道中的每个像素亮度值都会转换为 256 级颜色值标度上相反的值，图片中的所有内容会显示与原片相反的效果，亮部会变暗，暗部会变亮，颜色会变成原始颜色的互补色，比如黑色会变成白色，红色会变成青色，黄色会变成蓝色等，如图 7-2-25 所示。

“色调分离”调整工具主要是使图片中相邻的像素被最接近的像素替换，当“色调分离”中的“色阶”最小值为 2 时，图片会变成由 4 种颜色组成的画面，“色阶”数值越高，图片的颜色过渡越丰富，细节越细腻。

“阈值”调整工具是指图片亮度的一个黑白分界值，其默认值为 50% 中性灰（值为 128）。当使用“阈值”时，图片中亮度高于 50% 中性灰的像素会变成白色，低于 50% 中性灰的像素会变成黑色，图片将转换为高对比度的黑白图片。使用者可以拖动“阈值色阶”滑块来调整黑白分布比例。

图 7-2-25 “反相”调整工具调整前后效果对比

“渐变映射”调整工具是指调整图层中使用预设或自定义的灰度渐变范围来对图片中的高光、中间调和阴影范围进行渐变填充，即图片中的阴影映射到渐变填充的一个端点颜色，高光映射到另一个端点颜色，则中间调映射到两个端点颜色之间的渐变。我们可以在“渐变映射”调整框中通过渐变拾色器来选择渐变的类型和颜色，如图 7-2-26 所示。如果选择黑白渐变，图片将变成渐变灰度分布的黑白效果；如果选择颜色渐变，图片将被调整成渐变颜色的效果。

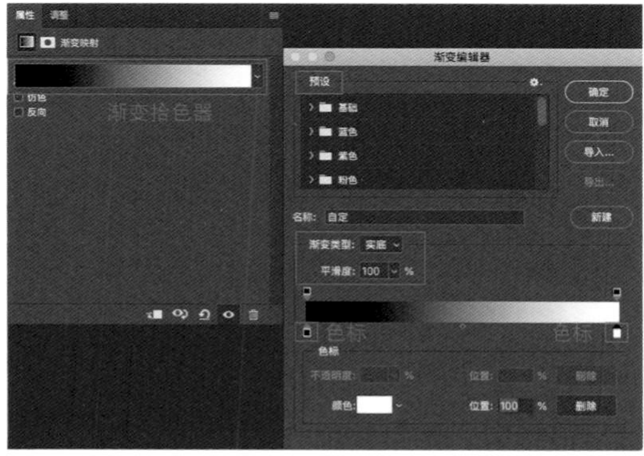


图 7-2-26 “渐变映射”调整工具界面

“可选颜色”调整工具是通过改变图片中的青色、洋红、黄色、红色、绿色、蓝色及黑、白、灰 3 个中性色来实现颜色调整的。当“可选颜色”调整工具中的“颜色”选项选择某一种颜色时，表示所有颜色滑块调整都只影响图片中选中的颜色。例如“颜色”选项为红色时，所有的颜色滑块调整都只影响红色。当“青色”滑块数值为 0% 时，表示没有给红色添加青色；当“青色”滑块数值为 -100% 时，则表示给红色减少 100% 的青色，因为青色和红色为互补色，减少 100% 的青色即增加 100% 的红色，所以色相环中带有红色的颜色都会向红色偏移。当“青色”滑块数值为 +100% 时，则表示给红色添加 100% 的青色，因为红色和青色是互补色，给红色加 100% 的青色就等

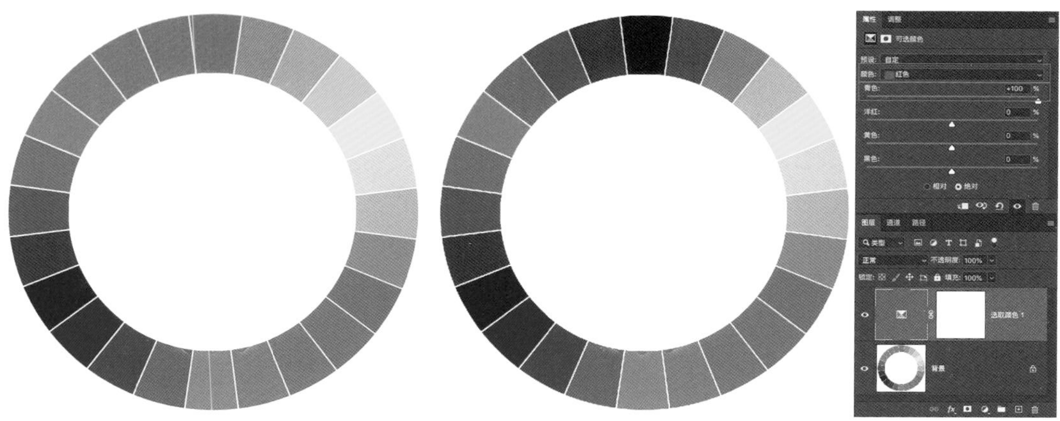

图 7-2-27　“颜色”为红色，“青色”滑块数值为 +100% 时色相环的变化效果对比

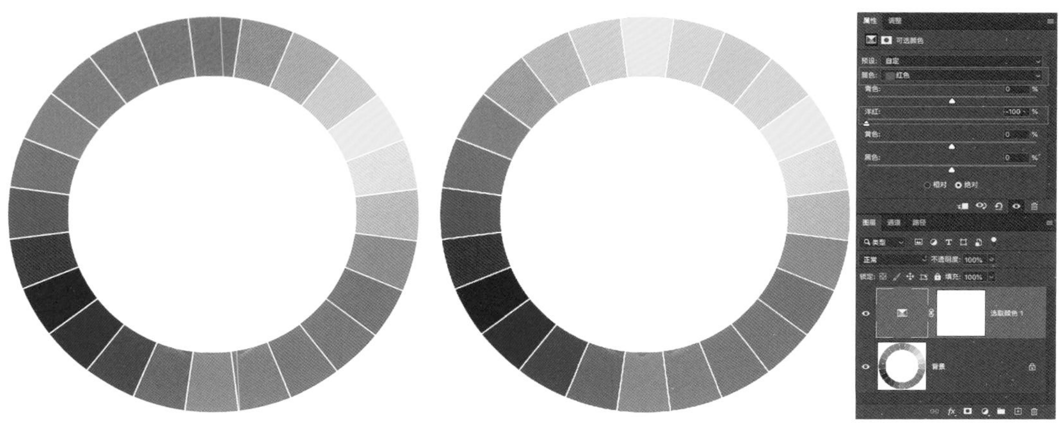

图 7-2-28　“颜色”为红色，“洋红”滑块数值为 -100% 时色相环的变化效果对比

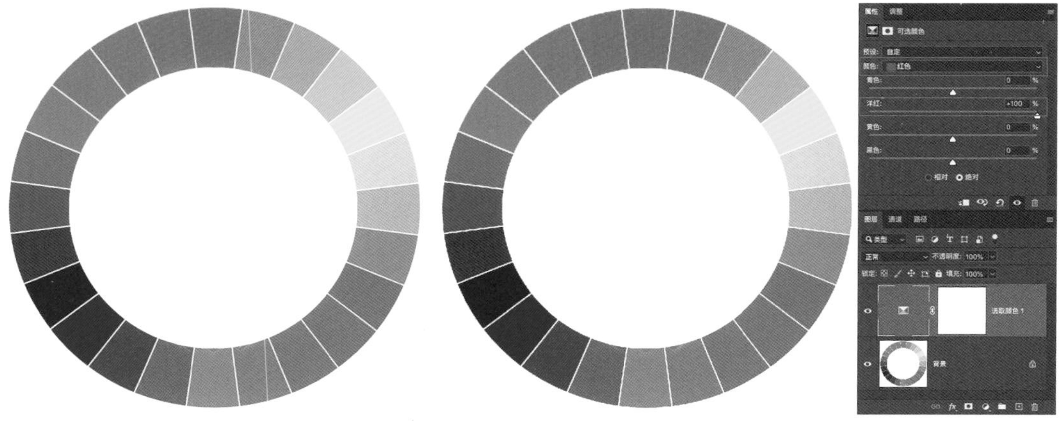

图 7-2-29　“颜色”为红色，“洋红”滑块数值为 +100% 时色相环的变化效果对比

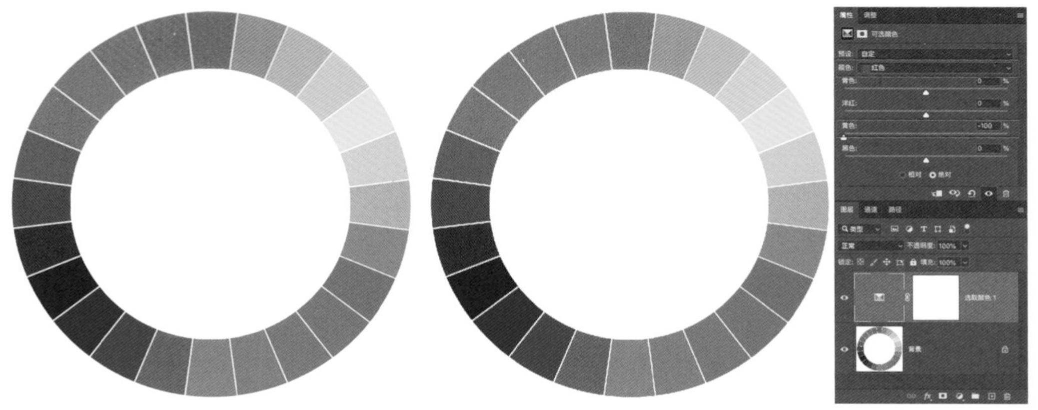


图 7-2-30　“颜色”为红色，“黄色”滑块数值为 -100% 时色相环的变化效果对比

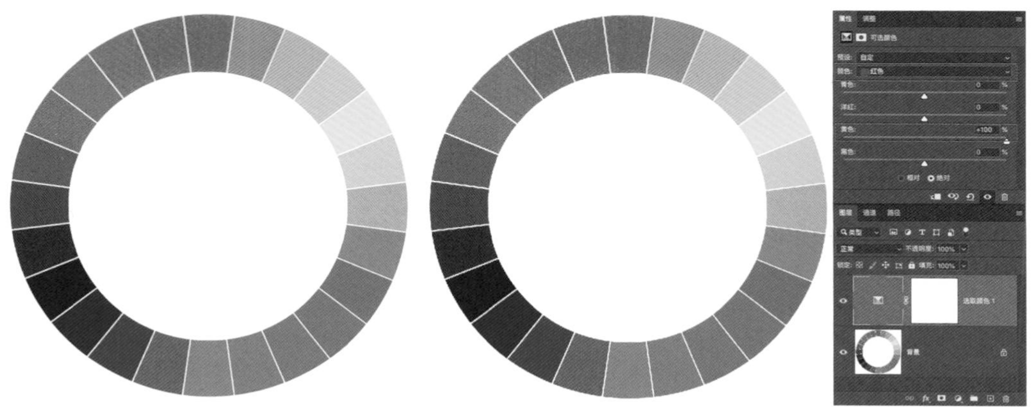


图 7-2-31　“颜色”为红色，“黄色”滑块数值为 +100% 时色相环的变化效果对比

图 7-2-32　雨后彩虹风景原图（拍摄者：钟海明）

于减 100% 的红色，所以色相环中的红色会被消除，纯红色变成了黑色，如图 7-2-27 所示。

当“洋红”滑块数值为 -100% 时，表示给红色减少 100% 的洋红色，即给红色增加绿色，因为洋红色和绿色是互补色，减 100% 洋红色就等于增加 100% 绿色，绿色加红色可得到黄色，所以色相环中的红色向黄色偏移，如图 7-2-28 所示。

当“洋红”滑块数值为 +100% 时，表示给红色增加 100% 的洋红色，由于洋红色和绿色是补色，增加 100% 的洋红色也就是给红色减少 100% 绿色，红色加绿色得到黄色，所以色相环中的橙色逐渐向红色靠近，如图 7-2-29 所示。

当“黄色”滑块数值为 -100% 时，表示给红色减少 100% 的黄色，由于黄色和蓝色是补色，减少 100% 的黄色也就是给红色增加了 100% 蓝色，蓝色加红色得到品红色，所以色相环中的红色会向品红色偏移，如图 7-2-30 所示。

当“黄色”滑块数值为 +100% 时，表示给红色增加了 100% 的黄色，由于黄色和蓝色是补色，给红色增加了 100% 的黄色也就是给红色减少了 100% 蓝色，蓝色加红色得到品红色，所以色相环中的品红色会向红色靠近，如图 7-2-31 所示。

按照此方式可以推出其他颜色调整的结果，这里不再一一推演。下面我们以一个案例来演示“可选颜色”的具体操作。

图 7-2-32 拍摄的是怀玉山雨后出现彩虹的场景，现在我要把图片中翠绿的青山调整成红色山峰的秋景图像。在后期操作上，我们只需要把绿色变成橙红色即可。

为了更准确地控制颜色，在操作前我先对要调整的颜色做一个成分分析，运用信息界面查看图片中绿色所涵盖的颜色成分比例，如图 7-2-33 所示。从信息界面的 RGB 数值中可以看出，图片中的绿色大部分是由红色和黄色组成的，只有少量的蓝色，在 CMYK 数值中 Y 的数值为 100，也就是说黄色所占的比重是最多的。因此在使用“可选颜色”进行选择时，需要优先选择黄色，再选择绿色。

在 Photoshop 中打开图片，并用“创建新的填充或调整图层”选项新建一个“可选颜色”调整图层，同时把“绝对”勾选上，如图 7-2-34 所示。选择“颜色”为黄色，然后将青色调整为 -100%，为图片中的黄色减少青色，即增加红色。接下来把“洋红”

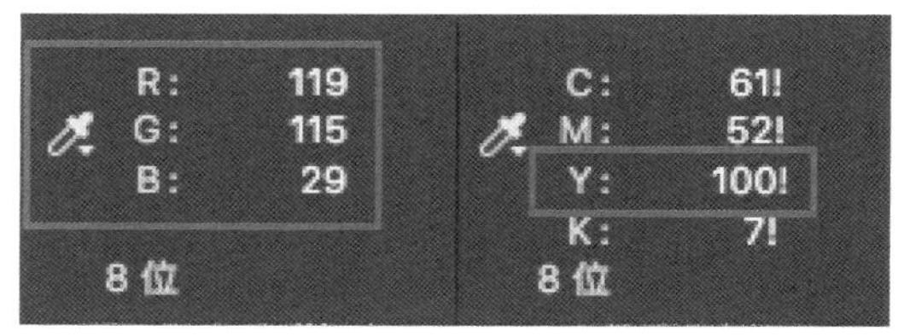

图 7-2-33 图片的颜色成分比例

和“黄色”调整为+50%，使图片中的红色偏向橙红色。这样，图片中的黄色就被调整为橙红色了。然而我们可以看到，图片中没有受光的区域的绿色也就没有受到影响。

接下来我们将“颜色”选择为绿色，并将“青色”调整为-100%，为图片中的绿色减少青色，即增加红色。然后把“洋红”调整为+100%，为图片中的绿色增加点红色。这样，没有受光的绿色也被调整为橙红色了，但是远处的山由于偏青色，所以没有被调整过来，如图7-2-35所示。

我们再将“颜色”选择为青色，并将“青色”调整为-100%，为图片中的青色加点红色，接着把“黄色”调整为+100%，以降低图片中的青色并使青色偏黄。虽然远处的青色得到了解决，但是天空的蓝色由于受到青色调整的影响又变灰了，如图7-2-36所示。

将“颜色”选择为蓝色，并将“黄色”调整为-100%，为图片中的蓝色减少黄色，即加蓝色。接着把“青色”调整为+100%，使天空的蓝色得以还原，如图7-2-37所示。经过一系列调整，一幅与原图感觉截然不同的图片便呈现在眼前，如

图7-2-34　为画面减少青色，增加红色

图 7-2-35　为画面中的绿色减少青色，增加红色

图 7-2-36　为画面中的青色增加红色，降低青色比重

图 7-2-37　为图片中的蓝色增加蓝色，还原蓝天本色

图 7-2-38　调整后效果

图 7-2-38 所示。

调整图层是数码后期中使用频率较高的调整工具，既可以对图片实行无损编辑，也可以进行灵活修改，同时还可以结合蒙版、图层混合模式、不透明度等把调整效果做到局部精细化控制。调整图层中的工具种类较多，但是实际操作中使用频率较高的主要有以下几个："曲线""色相 / 饱和度""色彩平衡""可选颜色""黑白"等。

## 三、智能对象图层

智能对象图层是指包含栅格或矢量图片（如 Photoshop 或 Illustrator 文件）中的图片数据的图层。智能对象将保留图片的源内容及其所有原始特性，从而能够对图层执行非破坏性编辑。如果在 Camera Raw 的工作流程中设置为"在 Photoshop 打开为智能对象"，那么在 Photoshop 中选择"文件"下拉菜单中的"打开为智能对象""置入嵌入的对象"两个命令就可以将文件作为智能对象导入 Photoshop 文档中。如果置入的不是智能对象，可以在图层上点击鼠标右键选择"转化成智能对象"，这样便可以将图层转化为智能对象图层了。后期调整操作对智能对象图层执行的调整效果会转化为智能滤镜镶嵌在图层下方，双击调整工具名称便可以对其进行修改。同时，双击智能对象预览图可以重新打开其解 RAW 时的界面设置并重新调整，如图 7-2-39 所示。

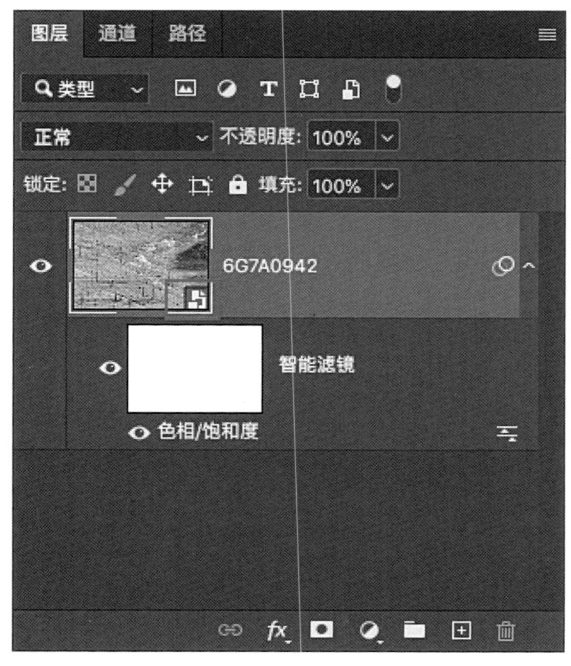


图 7-2-39　智能对象图层界面

智能对象图层虽然是一种无损编辑模式，但是操作者无法对智能对象图层执行改变像素数据的操作（如绘画、减淡、加深或仿制等）。如需要执行此操作应先将智能对象图层进行栅格化或者转化成图层，也可以在智能对象图层的上方复制一个新图层，编辑智能对象的副本或创建新图层。

文字图层和形状图层主要用来编辑文字和图形绘制，在摄影后期中，这两种图层不常用，所以不做介绍。

## 第三节　图层混合模式

图层除了种类有区分之外，每种图层都具有同样的混合模式，图层与图层之间可以通过不同混合模式和不透明度结合组成文档中的显示效果。图层混合模式不仅在图层中存在，在工具运用、通道等其他地方也都存在，虽然应用的场景不一样，但是混合模式的原理基本相同。图层的混合模式分为正常、变暗、变亮、叠加、差值和颜色 6 组不同的混合模式，每一组中的各个混合模式和混合效果都非常相似，变暗组和变亮组的效果刚好相反，如图 7-3-1 所示。

图 7-3-1　图层混合模式界面

### 一、正常模式组——正常、溶解

正常模式组主要通过控制图层不同的不透明度来进行混合，正常模式组中有“正常”和“溶解”两种混合模式。“正常”模式是显示图层中的每个像素，没有任何混合效果，是 Photoshop 默认的混合模式，只能通过调整图层的不透明度来达到图层与图层之间的图片混合，如图 7-3-2 所示。

图 7-3-2 的中间大图是由船只风景图和霞浦风景图片混合而成的效果，将船只图层（图层 2）的不透明度设为 50%，两幅图片就出现了重叠的效果。这种效果有点儿类似于相机多重曝光拍摄出来的叠加效果。

“溶解”混合模式主要是使图层正常显示出来，和“正常”模式类似，但是当图层不透明度没有达到 100% 时，“溶解”模式会根据图层中像素的位置和不透明度，上、下两个图层的像素会随机替换。

如图 7-3-3 所示，将图层混合模式选择为“溶解”，然后将“不透明度”设置为 50% 后，可以看到上面图层中的像素随机取代了下面图层的像素，于是得到一种砂纸效果的图片。上面图层不透明度的数值越大，被替换的像素越少；不透明度的

图 7-3-2　“正常”模式图层混合效果（原图拍摄者：朱慧疆）

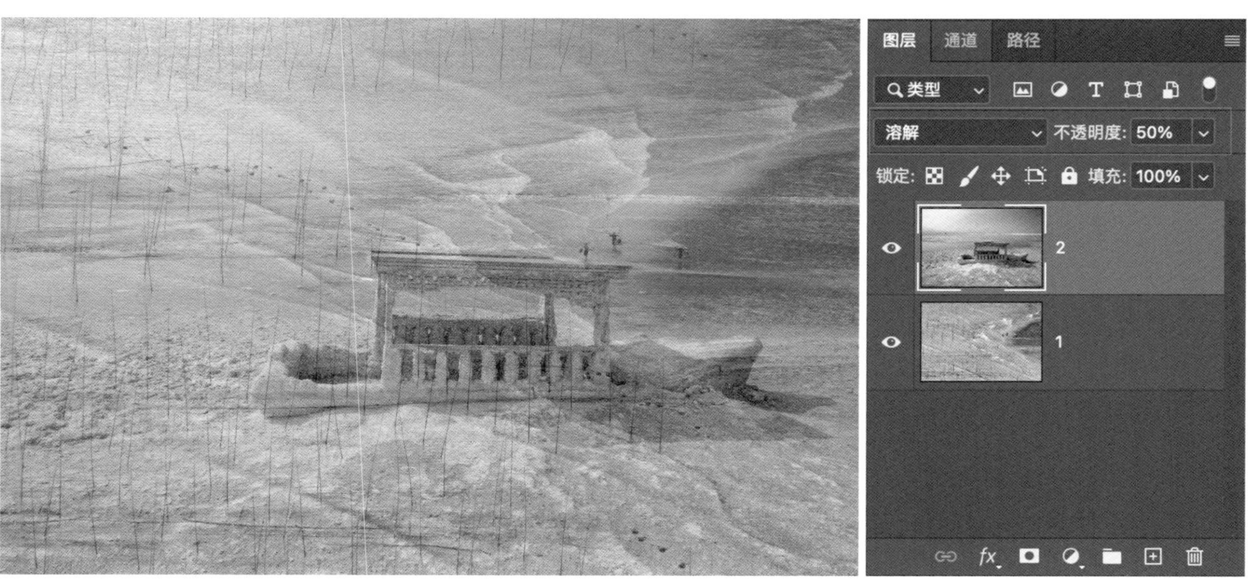


图 7-3-3　“溶解”模式图层混合效果

数值越小，被下面图层替换的像素越多，如果两个图层的内容相同，应用“溶解”模式则没有效果。

## 二、变暗模式组——变暗、正片叠底、颜色加深、线性加深、深色

变暗模式组的图层混合结果都会使图片变暗，在变暗模式组里分别有“变暗”“正片叠底”“颜色加深”“线性加深”“深色”5种混合模式。这5种混合模式的混合效果非常相似，都是运用图层中较暗的像素作为混合结果显示出来。下面图层比上面图层要亮的像素会被上面图层中较暗的像素替换，上面图层比下面图层亮的像素会被下面图层中较暗的像素替换。

从图7-3-4中可以看出，在“变暗”混合模式下，船只图片中亮部区域的天空、湖面等都被下面图层的内容所替换，霞浦风景图片中的亮部区域则被船只图片中的蓝天和船只附近的景色所代替，由此混合成了最终的效果。

“正片叠底”混合模式在Adobe photoshop帮助文件（后面统称“帮助文件”）中的描述是查看每个通道中的颜色信息，并将基色与混合色进行正片叠底，结果色总是较暗的颜色（基色是图片中的原稿颜色，也可以理解为上面的图层。混合色是通过绘制或编辑工具应用的颜色，也可以理解为下面的图层。其结果色是混合后得到的颜色）。使用正片叠底混合时，上面图层中的黑色不变，白色完全不显示，下面图层中的白色会被上面图层中较暗的像素替换。相对于“变暗”，“正片叠底”在混合过程中，图片的明暗变化和颜色过渡比较柔和，不容易失去细节，如图7-3-5所示。

图7-3-4 “变暗”模式图层混合效果

由于“正片叠底”混合模式对白色和黑色不起作用，在后期操作中可以用来替换掉一些较亮的内容，比如风光拍摄时天空和地面的反差过大，为了保证景物正常曝光，天空就会过曝，呈现为白色。在后期中，我们可以运用“正片叠底”模式在不需要抠图的情况下替换白色的天空。

图 7-3-6 拍摄于新疆，由于天气的原因，天空中没有细节呈现，采用“正片叠底”模式即可替换天空。

在 Photoshop 的同一个工程文件中分别将人物图片和含有天空的风景图片打开，含有天空的风景图片在人物图片图层的上方。为了方便调整天空图层的位置，将天空图层的“不透明度”设置为 50%，如图 7-3-7 所示。然后用“移动工具”将要替换的天空位置调整合适，避免替换天空时因位置、大小不对而出现替换内容不匹配的情况。

接下来，将天空图层的混合模式选择为“正片叠底”，并将天空图层的“不透明度”设置为 100%。此时背景图层中的天空被替换完成，但是背景图层中也出现了一些其他内容的叠加，破坏了画面的和谐，如图 7-3-8 所示。

为了消除这种叠加的杂乱，我们再运用不透明度为 100% 的“橡皮擦工具”将多余的叠加画面擦除即可，如图 7-3-9 所示。混合图层后的效果如图 7-3-10 所示。此操作可以做到不需要抠图即可替换天空的效果。替换天空只是我们列举的一种应用场景，除此之外，我们还可以利用这个方法对其他场景进行操作。

“颜色加深”混合模式在帮助文件中的描述是查看每个通道中的颜色信息，并通过提高对比度使基色变暗以反映混合色，

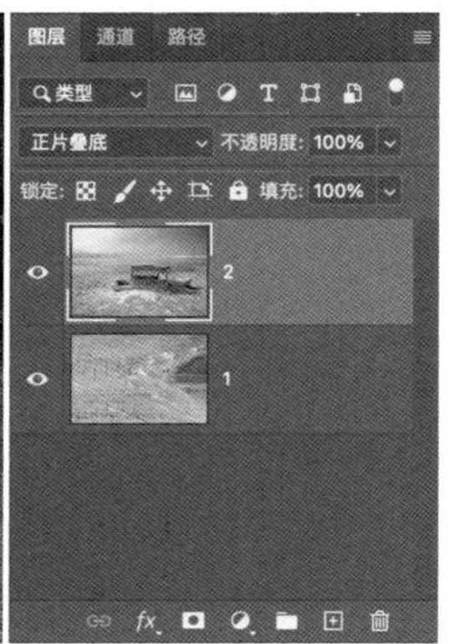


图 7-3-5 “正片叠底”模式图层混合效果

图 7-3-6 人物照原图（拍摄者：钟海明）

图 7-3-7 将两张图片在同一工程文件中打开，设置“不透明度”并调整位置、大小

图 7-3-8　使用“正片叠底”模式图层混合效果

图 7-3-9　使用“橡皮擦工具”擦除叠加的干扰内容

图 7-3-10　运用“正片叠底”模式替换天空后效果

由混合色的亮度决定基色的亮度和反差，任何颜色与黑色复合产生黑色，任何颜色与白色复合保持不变。在“颜色加深”混合模式中，上面图层内容的颜色越深，它让下面图层变暗的效果就越明显。由于此模式混合效果对比反差较大，所以混合后图片的对比度和颜色饱和度会被提高，同时图片的暗部细节丢失情况也比较严重，如图 7-3-11 所示。

“线性加深”混合模式在帮助文件中的描述是查看每个通道中的颜色信息，并通过降低亮度使基色变暗以反映混合色，与白色混合后不产生变化。相对“颜色加深”而言，“线性加深”图层混合后，图片压暗的程度要更大，图片中亮度低于 50% 灰的区域都会被压暗成黑色，如图 7-3-12 所示。

“深色”混合模式在帮助文件中的描述是比较混合色和基色所有通道值的总和并显示值较小的颜色。它将从基色和混合色中选取最小的通道值来创建结果色，“深色”混合模式不会生成第三种颜色。“深色”模式和“变暗”模式类似，都是比较上面图层和下面图层的像素亮度值，像素亮度值较暗就被保留，只是“深色”模式是比较上面图层和下面图层所有通道之和，像素亮度值较暗会被保留。没有过渡像素，其混合效果比较生硬，有时会产生明显的色块，如图 7-3-13 所示。

这 5 种图层混合模式的混合效果虽然大致类似，但在调整细节上有所差异。在这 5 种混合模式中，对图片的亮部区域和中间调区域作用比较明显的模式分别为“正片叠底”“颜色加深”“线性加深”。其中，“正片叠底”的效果最自然，其余两种混合效果都比较强烈。在日常操作中，“正片叠底”的使用频率高于其他混合模式。“颜色加深”

图 7-3-11 “颜色加深”模式图层混合调整效果

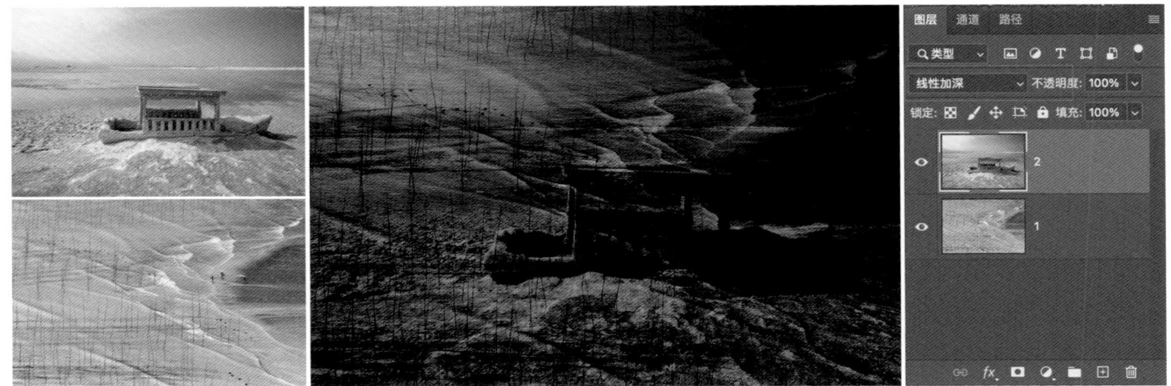


图 7-3-12 “线性加深”模式图层混合调整效果

图 7-3-13 “深色”模式图层混合调整效果

原图(为清晰呈现变化效果,将原图调为黑白图片)

“线性加深”模式图层混合效果

图 7-3-14 运用“线性加深”模式图层混合对图片的压暗效果

和“线性加深”混合效果的变化幅度较大，它们对图片中亮部区域的压暗效果比较理想，对于后期调整时对高光选区的提取或者提高对比度比较有帮助，如图 7-3-14 所示。

## 三、变亮模式组——变亮、滤色、颜色减淡、线性减淡（添加）、浅色

变亮模式组的图层混合结果会使图片变亮，变亮模式组中有“变亮”“滤色”“颜色减淡”“线性减淡（添加）”“浅色”5 种混合模式，分别与“变暗”模式组中“变暗”“正片叠底”“颜色加深”“线性加深”“深色”相对应，但是混合效果相反。变亮模式组都是运用混合图层中较亮的像素作为混合结果显示出来，即下面图层比上面图层要暗的像素会被上面图层中亮的像素替换，上面图层比下面图层较暗的像素会被下面图层中较亮的像素替换，如图 7-3-15 所示。

从图 7-3-15 中可以看出，在“变亮”混合模式的作用下，船只图片中亮部区域的天空、湖面、船只附近的区域等都被保留了下来，但是图中的船只、偏暗的天空区域被下面图层中的内容所替换，混合后的图片相对原图要偏亮。

“滤色”混合模式在帮助文件中的描述是查看每个通道的颜色信息，并将混合色的互补色与基色进行正片叠底，结果色总是较亮的颜色。用黑色过滤时颜色保持不变，用白色过滤将产生白色。相对变亮组的其他混合模式，“滤色”的混合效果过渡自然，细节保留比较完整，不容易产生高光过曝的情况，如图 7-3-16 所示。

“颜色减淡”混合模式在帮助文件中的描述是查看每个通道中的颜色信息，并通过降低两者之间的对比度使基色变亮以反映出混合色，与黑色混合则不发生变化。

图 7-3-15 “变亮”模式图层混合效果

图 7-3-16　“滤色”模式图层混合效果

图 7-3-17　“颜色减淡”模式图层混合效果

图 7-3-18　“线性减淡（添加）”模式图层混合效果

图 7-3-19　“浅色”模式图层混合效果

“颜色减淡”与“颜色加深”模式都是通过增加混合图层中的像素对比度来进行图层混合的，只是“颜色加深”更偏向图片中暗部区域，而“颜色减淡”则更偏向亮部区域。在“颜色减淡”混合模式中，上面图层的明暗程度决定下面图层的明暗变化方向和变化程度，上面图层的像素越亮，则与之对应的下面图层像素的变亮的程度就越大，如图 7-3-17 所示。

“线性减淡（添加）”混合模式在帮助文件中的描述是查看每个通道中的颜色信息，并通过增加亮度使基色变亮以反映混合色，与黑色混合则不发生变化。相对于“颜色减淡”而言，“线性减淡（添加）”图层混合后，图片提亮的程度更大，图片中亮度高于 50% 灰的区域都会被提亮成白色，如图 7-3-18 所示。

“浅色”混合模式在帮助文件中的描述是比较混合色和基色的所有通道值的总和并显示值较大的颜色，“浅色”混合模式图层混合不会生成第三种颜色。“浅色”混合模式和“深色”混合模式的混合结果刚好相反，“深色”混合模式是图片中较暗的区域会被保留，而“浅色”混合模式则是保留图片中较亮的区域，此模式在图层混合后生成的图片没有过渡像素，图片内容的衔接比较生硬，有时会产生明显色块，如图 7-3-19 所示。

## 四、叠加模式组——叠加、柔光、强光、亮光、线性光、点光、实色混合

叠加模式组的图层混合结果会使图片整体对比反差增大。叠加模式组中有“叠加”“柔光”“强光”“亮光”“线性光”“点光”“实色混合”7 种模式。变暗和变亮模式组是分别对图片中的亮调区域和暗调

区域起作用，而“叠加”模式组则是同时对图片中的亮调和暗调区域起作用，甚至还可能会影响颜色。

“叠加”混合模式在帮助文件中的描述是对颜色进行正片叠底或过滤，具体取决于基色。图案或颜色在现有像素上叠加，同时保留基色的明暗对比。这种模式的混合不替换基色，但基色与混合色相混以反映原色的亮度或暗度。“叠加”混合模式综合“正片叠底”和“滤色”两种混合模式的混合效果，如果用较亮的内容进行图层叠加，效果与“滤色”混合模式类似；如果用较暗的内容进行叠加，则效果与“正片叠底”混合模式类似，混合后的图片比原图片的对比反差要大，如图 7-3-20 所示。

“柔光”混合模式在帮助文件中的描述是使颜色变暗或变亮，具体取决于混合色。如果混合色比 50% 灰色亮，则图片变亮；如果混合色比 50% 灰色暗，则图片变暗；使用纯黑色或纯白色上色，可以产生明显变暗或变亮的区域，但不能生成纯黑色或纯白色。与“叠加”混合模式相比，“柔光”混合模式混合后的图片对比反差要更柔和，明暗过渡更自然，如图 7-3-21 所示。

“强光”混合模式在帮助文件中的描述是对颜色进行正片叠底或过滤，具体取决于混合色。如果混合色比 50% 灰色亮，则图片变亮；如果混合色比 50% 灰色暗，则图片变暗；用纯黑色或纯白色叠加会产生纯黑色或纯白色，如图 7-3-22 所示。

“亮光”混合模式在帮助文件中的描述是通过提高或降低对比度来加深或减淡颜色，具体取决于混合色。如果混合色比 50% 灰色亮，则通过降低对比度使图片变亮；如果混合色比 50% 灰色暗，则通过提高对比度使图片变暗，如图 7-3-23 所示。

“线性光”混合模式在帮助文件中的描述是通过减少或增加亮度来加深或减淡颜色，具体取决于混合色。如果混合色比 50% 灰色亮，则通过增加亮度使图片变亮；如果混合色比 50% 灰色暗，则通过减少亮度使图片变暗。“线性光”混合模式与“亮光”混合模式类似，图层混合后图片细节损失较多，图片的亮部区域和暗部区域容易出现色阶溢出，如图 7-3-24 所示。

“点光”混合模式在帮助文件中的描述是根据混合色替换颜色。如果混合色比 50% 灰色亮，则替换比混合色暗的像素，而不改变比混合色亮的像素；如果混合色比 50% 灰色暗，则替换比混合色亮的像素，而比混合色暗的像素保持不变，如图 7-3-25 所示。

“实色混合”混合模式在帮助文件中的描述是将混合颜色的红、绿、蓝三原色通道值添加到基色的 RGB 值。如果通道值的总和大于或等于 255，则值为 255；如果

图 7-3-20　“叠加”模式图层混合效果

图 7-3-21　“柔光”模式图层混合效果

图 7-3-22　“强光”模式图层混合效果

图 7-3-23 “亮光”模式图层混合效果

图 7-3-24 “线性光”模式图层混合效果

图 7-3-25 “点光”模式图层混合效果

图 7-3-26 “实色混合”模式图层混合效果

小于 255，则值为 0。因此，所有混合像素的红色、绿色和蓝色通道值要么是 0，要么是 255，此模式会将所有像素更改为主要的三原色（红色、绿色或蓝色）、白色或黑色，如图 7-3-26 所示。

## 五、差值模式组——差值、排除、减去、划分

差值模式组的图层混合结果都会使图片中的明暗和颜色与原图片相反。差值模式组里有“差值”“排除”“减去”“划分”4 种混合模式。这 4 种混合模式的混合效果类似，都是运用混合图层中的颜色信息相减作为混合结果显示出来。

“差值”混合模式在帮助文件中的描述是查看每个通道中的颜色信息，并从基色中减去混合色，或从混合色中减去基色，具体取决于哪一个颜色的亮度值更大。在这一混合模式中，与白色混合将反转基色值；与黑色混合则不产生变化，如图 7-3-27 所示。

“排除”混合模式在帮助文件中的描述是创建一种与“差值”混合模式相似，但对比度更低的效果，与白色混合将反转基色值，与黑色混合则不发生变化。“排除”混合模式具有高对比和低饱和度的特点，比“差值”模式的效果要柔和、明亮，如图 7-3-28 所示。

“减去”混合模式在帮助文件中的描述是查看每个通道中的颜色信息，并从基色中减去混合色，在 8 位和 16 位图片中，任何生成的负片值都会剪切为零。如果混合图层的数值相同，混合后则得到黑色。“减去”模式在减去颜色的同时，也减去了上层色的亮度，图片越亮，减去的亮度越多；图片越暗，则减去的亮度越少，如图 7-3-29 所示。

“划分”混合模式在帮助文件中的描

图 7-3-27 “差值”模式图层混合效果

图 7-3-28 “排除”模式图层混合效果

图 7-3-29 “减去”模式图层混合效果

图 7-3-30 “划分”模式图层混合效果

述是查看每个通道中的颜色信息，并从基色中划分混合色。“划分”混合模式与“减去”混合模式刚好相反，白色对下层色完全没有影响，而黑色则会使下层色变亮，而且图片越暗，“划分”模式图层混合后的图片亮度越高，如图 7-3-30 所示。

## 六、颜色模式组——色相、饱和度、颜色、明度

颜色模式组的图层混合结果都会使图片中的颜色产生变化，它是通过运用颜色三元素中的一个或两个特性参与混合，混合后的图片颜色与原图片颜色有所差异。颜色模式组里有“色相”“饱和度”“颜色”“明度”4 种混合模式。

“色相”混合模式在帮助文件中的描述是用基色的明亮度和饱和度以及混合色的色相创建结果色，即使用下面图层颜色中的亮度和饱和度值与上面图层的颜色进行混合而创建的效果，混合后的亮度及饱和度取决于下面图层的颜色，但色相取决于上面图层的颜色，如图 7-3-31 所示。

“饱和度”混合模式在帮助文件中的描述是用基色的明亮度和色相以及混合色的饱和度创建结果色。此模式是在保持下面图层颜色的色相和明度值的前提下，只用上面图层颜色的饱和度值对下面图层进行颜色饱和度的添加，当下面图层颜色与上面图层颜色的饱和度值不同时，才有饱和度混合效果。当上面图层颜色的饱和度为 0 时，与下面图层混合会将下面图层的饱和度降低为 0，上面图层颜色的饱和度越高，对下面图层颜色饱和度的影响越明显，如图 7-3-32 所示。

“颜色”混合模式在帮助文件中的描述是用基色的明亮度以及混合色的色相和

图 7-3-31 “色相”模式图层混合效果

图 7-3-32 “饱和度”模式图层混合效果

图 7-3-33 “颜色”模式图层混合效果

图 7-3-34　“明度”模式图层混合效果

饱和度创建结果色。此混合模式既能很好地保留图片的明暗层次，又能给下面图层上色，如图 7-3-33 所示。

“明度”混合模式在帮助文件中的描述是用基色的色相和饱和度以及混合色的明亮度创建结果色，此模式可创建与“颜色”模式相反的效果。此模式是上面图层的颜色明度与下面图层颜色的色相与饱和度混合而成的效果，如图 7-3-34 所示。

**【思考与练习】**

1. 图层的作用和特点有哪些？

2. 在后期调整软件中试着将不同的图层合并，创作一幅作品。

Chapter 8

# 第八章　选区

**【学习目标】**

1. 了解选区的定义和分类。

2. 熟练运用不同的选区创建工具创建选区。

3. 熟练运用选区工具与其他工具相搭配对图片进行调整或合成。

不管是数码后期的调整、强化，还是图片的合成，都会运用到选区，选区创建的精准度会直接影响到画面处理或者合成的效果。对画面进行选区圈定本身不存在任何画面调整效果，但是选区作为图片的编辑区域，可以保证操作者对选区内的图片内容在进行复制、移动、明暗调整、颜色调整、删除、替换、应用滤镜效果等操作时不影响到选区外的图片内容，使得选区内形成独立的工作区域。在后期调整过程中，图片的种类繁多，因此选区的建立方式、建立思路、圈选精准度就显得尤为重要。

本章将从选区的定义、分类、选区的调整及不同选区的创建方式和对应的图片类型进行一一阐述，以帮助大家在选区创建时能针对不同类型的图片内容运用相应的选区创建工具和创建思路。

# 第一节 选区的定义和种类

选区是指任何需要进行后期处理的图片的编辑区域，即操作者可在创建好的选区内对图片进行复制、移动、明暗调整、颜色调整、删除、替换、应用滤镜效果等操作，同时还可以保证选区外的区域不受影响。在 Photoshop 中可以通过选区工具、命令及“选择并遮住”来创建选区，当选区创建成功后，选区轮廓会出现黑白相间闪烁的边框，俗称“蚂蚁线”。“蚂蚁线”内可以执行图片编辑的任何操作，但无法对“蚂蚁线”外的区域进行操作。

选区分为轮廓选区和范围选区两种。轮廓选区有明确的边线，用闪烁的“蚂蚁线”表示。轮廓选区可以通过选区工具直接创制，即在图片中直接绘制即可获得。范围选区是指图片中某种相似的像素数值被选中的区域，范围选区一般不是运用选区工具绘制创建得来的，而是通过计算的方式来获取的，比如图片中的某一个亮度区域，又如图片中的某一种颜色区域等。当范围选区选择的范围灰度小于 50% 时，Photoshop 会弹出“任何像素都不大于 50% 选择，选区边将不可见”的警告对话框，如图 8-1-1 所示。这时选区边缘不会显示“蚂蚁线”，但是选区还存在，只是以通道中的灰度作为选区标记，没有“蚂蚁线”并不代表没有选区。

图 8-1-1 范围选区选择的范围灰度小于 50% 时出现的警告对话框

# 第二节 手动建立选区

## 一、手动建立轮廓选区工具——矩形选框、椭圆选框、套索、多边形套索、磁性套索

不同选区的建立方式有所差异，通常分为直接绘制和运算两种。在 Photoshop 左侧的工具栏中分别有“矩形选框工具”（快捷键 M）、“椭圆选框工具”（快捷键 M）、“套索工具”（快捷键 L）、“多边形套索工具”（快捷键 L）、“磁性套索工具”（快捷键 L）5 个选区绘制工具，如图 8-2-1 所示。通过对选区绘制工具的选择可以绘制出不同形状的选区，按住 Shift+M/Shift+L 可以循环切换选区创建工具。

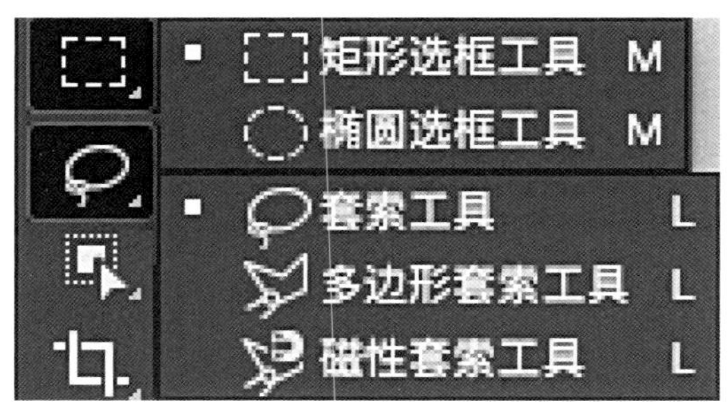


图 8-2-1 手动建立轮廓选区工具界面

“矩形选框工具”和“椭圆选框工具”主要用来绘制方形、圆形选区，也可以通过方形和圆形选区的相加（快捷键 Shift）、相减［快捷键 Alt（Win）/ Option（Mac）］和相交［快捷键 Shift+Alt（Win）/ Shift+Option（Mac）］得到其他形状的选区。如果选区绘制错误，可以在图片中单击任何位置取消选区，也可以通过“选择”菜单中的“取消选择”命令来取消选区［快捷键 Ctrl+D（Win）/ Command+D（Mac）］，如图 8-2-2 所示。

“套索工具”“多边形套索工具”“磁性套索工具”主要用来绘制形状不规则的选区。“套索工具”是通过长按并拖动鼠标来进行选区的绘制，鼠标操控程度决定选区绘制的精准度。“多边形套索工具”是通过鼠标左键移动点击来增加点和线，最终组合完成选区的建立。在使用“多边形套索工具”绘制选区时，要保证绘制的

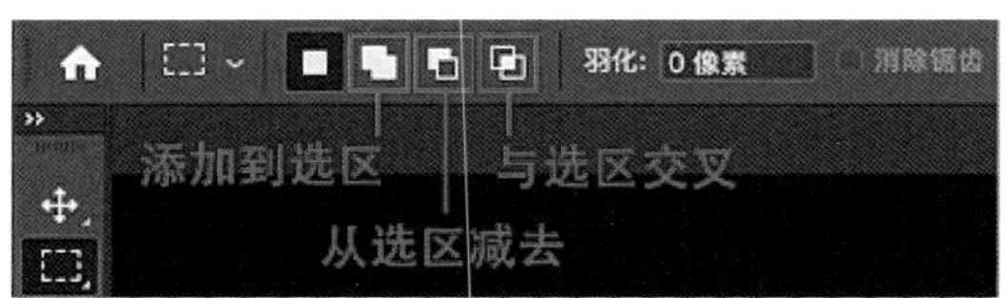


图 8-2-2 “矩形选框工具”“椭圆选框工具”相加、相减、相交选区的操控区及其取消界面

起点和终点要闭合，不然不能建立完整的选区。相对上面几种选区绘制工具，“磁性套索工具”的运用稍微有点差异，“磁性套索工具”需要单击鼠标左键建立起点后移动鼠标，工具会自动吸附在图形的边缘，在此操作过程中还可以单击鼠标左键来为图形轮廓增加控制点。如果选区绘制错误，可以通过“选择”菜单中“取消选择”命令来取消选区[快捷键 Ctrl+D（Win）/ Command+D（Mac）]。

## 二、手动建立范围选区工具——魔棒、快速选择、对象选择

选区绘制工具在绘制有规则图形或者画面边缘比较明显的选区时，操作性和可控性都比较强，但实际应用中，当遇到图形边缘复杂或不规则的图片时，选区绘制工具在操作上就有些烦琐了，且往往会遇到选区建立的精准度不理想，不能满足后期操作对选区类型需求的情况。为了解决这一问题，Photoshop 工具栏中还设置有通过计算方式来创建选区的工具，分别为“魔棒工具”（快捷键 W）、“快速选择工具”（快捷键 W）、“对象选择工具”（快捷键 W），如图 8-2-3 所示。本组选区建立工具是运用工具在图片中选取样本，工具会依据样本自动对图片的明暗、颜色的对比程度计算得出选区，在操控和选区精准度上要比手动绘制选区工具好很多。

图 8-2-3 “魔棒工具”“快速选择工具”“对象选择工具”界面

“魔棒工具”以选择区域的颜色作为计算样本，自动获取样本附近相同或者相近的颜色区域并创建选区，不需要运用工具随着图片的轮廓进行绘制。“魔棒工具”的“容差”数值越大，选择相近区域的范围越大，反之则越小。这一工具比较适合在颜色接近的图片类型中使用。

如图 8-2-4 所示，要想在图片中创建天空选区，如果用选区绘制工具创建，在操作上会比较烦琐，需要花费较长的时间来完成；如果使用“魔棒工具”创建天空选区，则可以快速地将偏青色的天空选中。在 Photoshop 中打开图片，运用“容差”为 60 的“魔棒工具”单击一下天空，“魔棒工具”根据点击的图片样本数值快速地计算出和天空类似的颜色区域，并创建选区，当天空边缘出现“蚂蚁线”轮廓时，表示选区已经建立完成。

“快速选择工具”的计算原理和“魔棒工具”类似，与“魔棒工具”不同的是，“快速选择工具”可以运用可调整圆形画

图 8-3-1 “色彩范围”操作界面

范围参数预设，可以使用“色彩范围”对话框中的“载入”按钮来加载色彩范围参数预设并使用，如图 8-3-1 所示。

“色彩范围”工具提取选区的方式多样，如果要细调现有的选区，可以通过重复使用不同的提取方式相结合的方法加以调整。比如要选择高光选区中的青色区域，就可以执行“色彩范围”对话框中的“高光”选项并单击“确定”，然后再执行“色彩范围”对话框中的“青色”即可。接下来我们用一个案例来演示“色彩范围”工具的使用。

图 8-3-2 的例图拍摄的是草原秋景的图片，图片的天空偏亮，想单独把天空压暗就需要把天空的选区选取出来。如果用之前介绍的选区工具来操作难免会出现操作复杂、烦琐和不可控的问题。由于天空的颜色类似，用“色彩范围”工具来提取选区会更方便快捷。在 Photoshop 中打开图片并执行“选择”下拉菜单中的“色彩范围”命令，如图 8-3-2 所示。

运用“取样颜色”吸管吸取图片中天空的颜色，将“颜色容差”调整至天空呈白色、其他区域为黑色即可，如图 8-3-3 所示。如果选择区域不准确，可以通过加色、减色吸管工具进行颜色取样的加减。

“取样颜色”调整好并点击确定后，天空的选区就建立完成了，如图 8-3-4 所示，在图中，我们可以看到天空选区边缘出现了闪烁的“蚂蚁线”。有了选区的保护，接下来对天空的调整操作就不会对其他区域产生影响了。

天空选区做完后，我们开始对天空颜色进行调整。执行图像 > 调整 > 色相 / 饱和度 [ 快捷键 Ctrl + U (Win) / Command + U (Mac)] 操作，将饱和度调整控件调至 +57、明度调整控件调至 -23，如图 8-3-5 所示。这样天空的颜色就被压暗了，可见 8-3-6 中的图例（为天空压暗后的效果）。

通过效果图可以看出，天空颜色被单独压暗，图片中的其他区域没有受到影响。但是画面中草地的颜色偏灰，颜色饱和度偏低。我们可以继续运用“色彩范围”命令将草地选中，然后单独对草地进行饱和度调整，以避免天空颜色的饱和度受到影响。

图 8-3-2　打开图片并执行“色彩范围”命令

图 8-3-3　点选“取样颜色”并调整“颜色容差”

图 8-3-4　天空选区

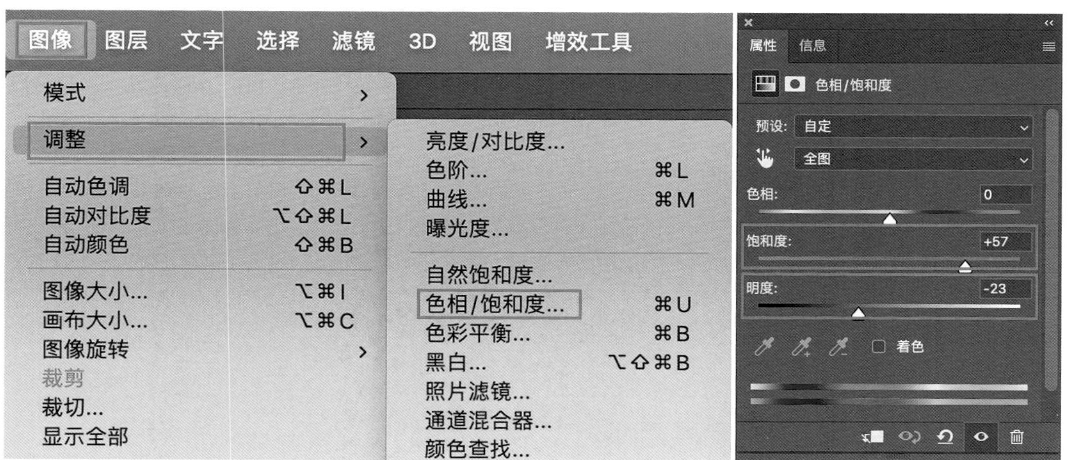


图 8-3-5　天空颜色调整操作界面

再次执行“选择”下拉菜单中的“色彩范围”命令。运用“取样颜色”吸管吸取图片中草地的颜色，将“颜色容差”调整至草地呈白色、其他区域为黑色即可，如图 8-3-6 所示。如果选择区域不准确，可以通过加色、减色吸管工具进行颜色取样的加减。

“取样颜色”调整好并点击确定后，草地的选区就建立完成了，如图 8-3-7 所示。如前面对天空区域选择一样，我们能看到画面中的草地边缘等处出现了闪烁的“蚂蚁线”。有了选区的保护，接下来对草地的调整操作亦不会对其他区域产生影响。

草地选区做完后，同压暗天空颜色一样，执行图像 > 调整 > 色相 / 饱和度 [ 快捷键 Ctrl + U (Win) / Command + U (Mac)] 操作，将饱和度调整控件调至 +40，这样，草地颜色的饱和度就被提高了，而天空颜色的饱和度没有受到影响，见图 8-3-8 右图所示。

图 8-3-6　使用“色彩范围”命令对草地区域进行选择

图 8-3-7　草地选区

调整前

调整后

图 8-3-8　调整前、后对比效果

## 二、自动创建选区工具——焦点区域、主体

“焦点区域”是根据镜头聚焦的区域进行计算而自动生成的选区，它可以轻松地将图片中的焦点区域选中。在“焦点区域”对话框中，从上至下有“视图模式”“参数”“输出”等选项。可以通过选择“视图模式”下拉菜单中的图片预览模式来进行预览。通过调整“焦点对准范围”滑块数值来扩大或缩小选区，最大值为 7.50，最小值为 0.00，默认值为 3.00。当“焦点对准范围”调整滑块移动到最左侧时，工具会选择整个图片；当“焦点对准范围”调整滑块移动到最右侧时，工具则只选择图片中位于最清晰焦点内的区域。使用这一工具的同时，还可以使用加、减画笔手动添加或移去选区，也可以运用“图像杂色级别”调整滑块进行控制。如果需要对选区进行柔化，可将“柔化边缘”选框勾选；如果需要对选区边缘进行微调，点击“选择并遮住”即可在其界面对选区进行细微调整。选区调整完成后，可以在“输出到”选项中选择“选区”“图层蒙版”“新建图层”“新建文档”等选项，如图 8-3-9 所示。

“主体”命令只需执行“选择”下拉菜单中的“主体”即可获得图片中最突出的主体选区。这一工具在所选对象与背景区分比较明显的图片上使用时效果会比较好，它能够快速识别图片中的人物、动物、车辆、玩具等。

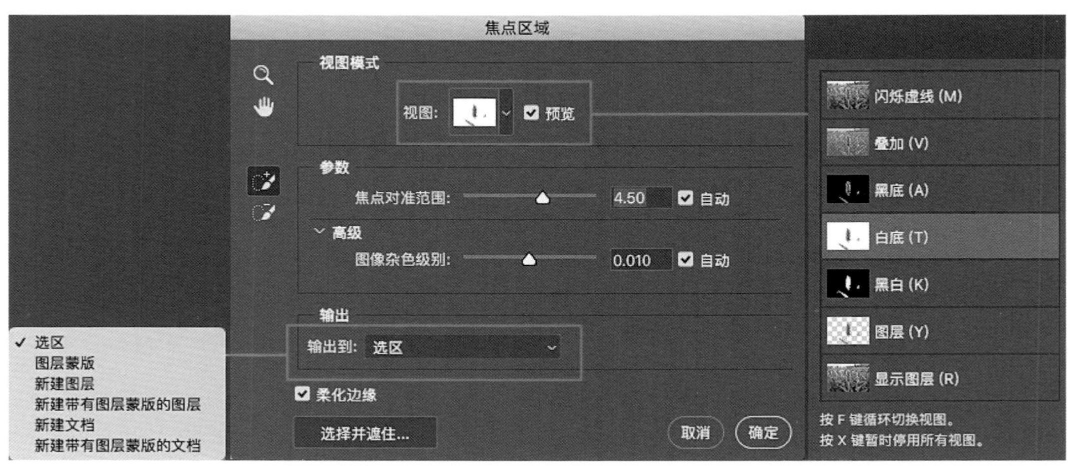


图 8-3-9 “焦点区域”操作界面

# 第四节　选区的调整

## 一、选区调整工具分类

选区建立完成之后，有时候会出现选区的精准度不够或者选区边缘带有杂色等问题，这时通常需要对选区进行移动、添加、删减、羽化、调整大小、反选等编辑调整。在 Photoshop 中，可以通过“选择”下拉菜单中的“选择并遮住”“修改”“扩大选取”“选取相似”“变换选区”5 个调整选项对选区进行调整，如图 8-4-1 所示。

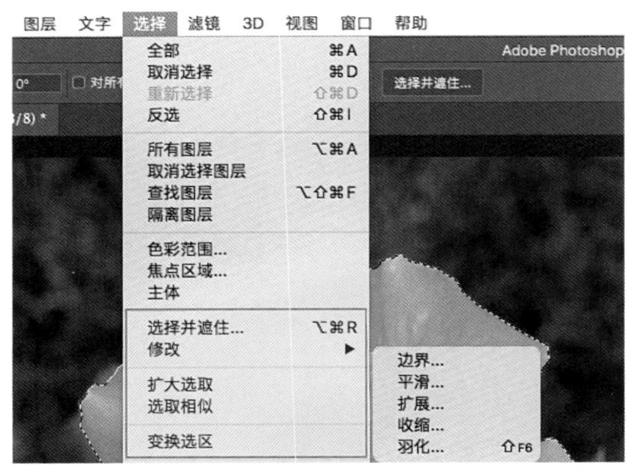


图 8-4-1　选区调整工具操作界面

## 二、选区调整工具——修改

“修改”选项主要用来调整选区的边缘柔化，以及选区扩大、缩小等。在“修改”选项下拉菜单中分别有“边界”“平滑”“扩展”“收缩”“羽化”5 个调整命令。

“边界”命令可以在图片现有选区边界的内部和外部生成像素带，像素带宽度的数值设置越大，像素带就越宽，反之则越窄。在实际操作时，如果选区建立不够精细，图片复制时会带有其他干扰像素，我们就可以通过“边界”命令的设置很好地将干扰像素清除，如图 8-4-2 所示。

“平滑”命令主要是根据“取样半径”值从选区中或选区外移去、添加选区，使选区轮廓中的尖锐形状和锯齿线变得平滑。“取样半径”数值越大，效果越明显，选区轮廓就越平滑，反之则效果越弱。如果已选定某个像素周围一半以上的像素，则将此像素保留在选区中，并将此像素周围的未选定像素添加到选区中。如果某个像素周围选定的像素不到一半，则从选区中移去此像素，如图 8-4-3 所示。

“扩展”和“收缩”命令是根据“扩展量”和“收缩量”的数值大小，从现有选区中向外等比扩展选区或者向内缩小选区，数值越大，选区扩展或者缩小得越明显，这两个选项对于清除边缘干扰像素效果明显，如图 8-4-4 所示。

“羽化”命令是通过模糊选区和选区周围像素之间的边缘，达到消除选区边缘

图 8-4-2　左图为原始选区，右图为使用“边界”命令值为 40 像素之后的选区

图 8-4-3　左图为原始选区，右图为使用“平滑”命令值为 100 像素之后的选区

图 8-4-4 左图为使用“收缩”命令值为 50 像素之后的选区，右图为使用“扩展”命令值为 50 像素之后的选区

图 8-4-5 左图为原始选区抠选出来的图片，右图为使用“羽化”命令值为 10 像素之后抠选出来的图片

锯齿以及使边缘平滑的效果，“羽化”数值越大，选区边缘模糊的区域越广，过渡越自然，但与此同时也会使所选画面边缘细节丢失得比较严重，如图 8-4-5 所示。

## 三、选区调整工具——扩大选取、选取相似、变换选区

“扩大选取”命令是通过指定的容差范围将相邻像素涵盖入现有选区以达到扩展选区的效果。“选取相似”命令是选取整幅图片中介于容差范围之内的像素（不只是相邻的像素），若要使用两个选项扩大选区，则重复一遍操作即可。

“变换选区”命令主要是对现有选区的角度、大小、透视等进行调整。执行“变换选区”命令后，通过鼠标右键下拉菜单中的变换选项选择相对应的调整，如图 8-4-6 所示。

图 8-4-6 执行“变换选区”操作弹窗界面

## 四、选区调整工具——选择并遮住

“修改”“扩大选取”“选取相似”“变换选区”这 4 个选区调整命令虽然可以满足部分选区调整需求，但是在选区的微调上有所限制。相对而言，“选择并遮住”调整工具更加灵活精准。此工具可以通过“调整边缘画笔”、边缘过渡设置等操作清晰地将选中内容与背景元素分离，并可以对选区进行反复修改调整。“选择并遮住”操作界面可分为工具栏、选项栏和调整区 3 个区域，如图 8-4-7 所示。工具栏中有“快速选择工具”“调整边缘画笔工具”“画笔工具”“对象选择工具”“套索工具”“抓手工具”“缩放工具”7 种工具。其中前 5 种工具主要是用来建立或者调整选区的，后两种工具主要是建立选区时作为辅助工具对图片进行放大、缩小及移动画布的。

“快速选择工具”可以根据画面中不同对象的颜色和纹理相似度进行智能圈选，操作者只需单击或按住鼠标左键，同时拖动圈选一个大致区域即可快速选择。使用“快速选择工具”时，拖动鼠标不需要很精确，工具会自动快速创建精准选区。此外，我们也可以单击选项栏中的“选择主体”来自动选择图片中最突出的主体。如果图片中还没有建立选区，我们可以用此工具快速地建立初始选区。“调整边缘画笔工具”可以精确调整选区或边界区域，操作时只需在选区边缘

图 8-4-7　“选择并遮住”操作界面

涂抹，工具便会自动精准地提取边缘，将不相关的像素分离出去。此操作所选择的区域边缘颜色干净，过渡自然。

在选用“快速选择工具”“调整边缘画笔工具”“画笔工具”时，我们可以在选项栏中对画笔的大小、笔触的软硬程度进行设置。笔触越大，涂抹的区域越大；笔触越软，选区的过渡越自然。“画笔工具”“对象选择工具”“套索工具”都是用来创建选区的工具，前文已有详细介绍，此处不再做重复讲解。

“抓手工具”主要用来拖动图片，一般和“缩放工具”一起使用。操作时为了获得精准的选区，我们一般会用“缩放工具”对图片进行放大，以便于对图片细节进行观察。在观察的过程中，我们需要使用“抓手工具”拖动图片进行查看。当“抓手工具”与其他工具一起使用时，按住键盘中的空格键便可以快速切换到“抓手工具”。“缩放工具”主要用来放大和浏览图片，默认状态是放大图片，也可以通过选项栏中的放大、缩小图标进行功能切换，还可以长按鼠标左键向里或者向外拖拽进行图片的放大或缩小。

“选择并遮住”操作界面的右侧调整区中有“视图模式”“调整模式”“边缘检测”“全局调整”“输出设置”5 个调整选项。

“视图模式”主要用来调整预览视图模式，便于将选区内与选区外的内容相区分。在“视图”选项弹出的菜单中，从上至下分别为“洋葱皮（O）”“闪烁虚线

（M）”“叠加（V）”“黑底（A）”“白底（T）”“黑白（K）”“图层（Y）”7种预览视图模式。我们可以根据图片内容选择选区内与选区外分离效果最明显的一种，按F键可在各个模式之间循环切换，按X键可暂时禁用所有模式。此外，我们还可以结合“不透明度”调整控件为“视图模式”设置透明度。“显示边缘（J）”和“显示原稿（P）”主要用来调整显示调整区域和显示原始选区。当“显示边缘(J)”被勾选中时，随着边缘的半径值的变大，边缘显示会越来越明显。“高品质预览”可以在控制调整选区时保证高质量的预览渲染，使用此选项时，图片预览更新可能会变慢。

“调整模式”分为两种类型，分别为“颜色识别”和“对象识别”。“颜色识别”主要通过对选区内和选区外颜色的差异进行选区分离。这一工具在颜色对比明显的图片中使用时效果比较理想；对于在背景中有较复杂的不规则形状和琐碎细边等画面中使用时，选择“对象识别”模式的效果更佳。

“边缘检测”主要是运用“半径”控制选区边缘调整区域的大小。“半径”数值的最小值为0，最大值为250。“半径”数值越大，边缘调整区域越大，反之则越小。通常情况下，对边缘较锐利的画面，我们使用较小的半径值；对边缘较柔和的画面，我们使用较大的半径值。当“智能半径”被勾选中时，工具会自动调整半径值来适应画面的边缘轮廓。

“全局调整”主要用来控制选区边缘的柔化、对比度、平滑度等，从上至下分别为“平滑”“羽化”“对比度”“移动边缘”4个选项。“平滑”调整控件主要用来移除选区边界中的不规则区域，使选区轮廓变得比较平滑，最小值为0，最大值为100。“羽化”调整控件可以控制选区与选区周围像素之间的过渡效果，最小值为0.0，最大值为1000.0。“羽化”数值越大，模糊的区域就越大，反之则越小。“对比度”调整控件可以控制选区轮廓与边缘过渡之间的对比程度，最小值为0%，最大值为100%。当“对比度”数值增大时，选区边缘过渡会变得比较生硬且不连贯。“移动边缘”调整控件用来调整选区向内或向外等比放大或缩小的边框。当“移动边缘”调整控件为负值时，选区边框会向内等比缩小；当“移动边缘”调整控件为正值时，选区边框会等比向外扩大。向内缩小边框有利于从选区边缘中移去干扰的颜色。

“输出设置”调整区域中有“净化颜色”和“输出到”两个选项。当“净化颜色”被勾选上时，选区边框的颜色将被替换为附近选中像素的颜色，以达到去除选区边缘杂色的效果。颜色替换的强度与选区边缘的软化度成正比。“净化颜色”的数量默认值为 100%，即最大强度。选区调整完成后，我们可以通过“输出到”选项选择输出类型。由于调整选区的过程中可能会对图片的颜色进行修改，为了便于在 Photoshop 中对选区进行修改和重新调整，这里建议在输出时选择“新建图层”或“新建带有图层蒙版的图层”。

在实际操作中，运用“选择并遮住”对选区调整可能会牵涉不同调整工具间的搭配使用，操作步骤比较烦琐、细致。接下来，我们通过一个案例演示一下工具间的搭配使用。

图 8-4-8 是一幅人物的形象照，灰白色的背景虽然很干净，可以突出人物，但是背景较为单一，所以作者准备给人物换个彩色背景，以使画面显得更有活力。为了使替换的背景和人物较好地融合，人物选区的建立要比较精准，边缘轮廓尽量不要带有白色的杂边，尤其是人物的头发和手部。

图 8-4-8 人物形象照原图

在 Photoshop 中打开图片并执行“选择”菜单下的“选择并遮住”命令[快捷键 Ctrl+Alt+R（Win）/ Command+Alt+R（Mac）]，如图 8-4-9 所示。

由于之前在 Photoshop 中没有对人物创建选区，所以在“选择并遮住”操作界面工具栏中选择“快速选择工具”，并运用选项栏中的“选择主体”快速创建人物大致的选区，然后将“视图模式”选择为叠加模式，以便于区别选区和背景，如图 8-4-10 所示。

运用“选择主体”命令后便可以获得人物的大致选区，但人物头发、手部及服装轮廓等细节部分的白色杂边也有可能会被选中，而有些区域又有可能没被选中，如图 8-4-11、图 8-4-12 所示，人物的衣领被多选，手部的部分区域没有被选中。

此时我们可以运用“画笔工具”的“添加到选区”和“从选区中减去”两个选项，将人物中被少选的衣领添加到选区中，将手部的白色区域从选区中减去。在这种细微调整时我们需要运用“缩放工具”将图

图 8-4-9 打开图片并选择“选择并遮住”命令

图 8-4-10 通过“快速选择工具”中的“选择主体”创建人物大致的选区

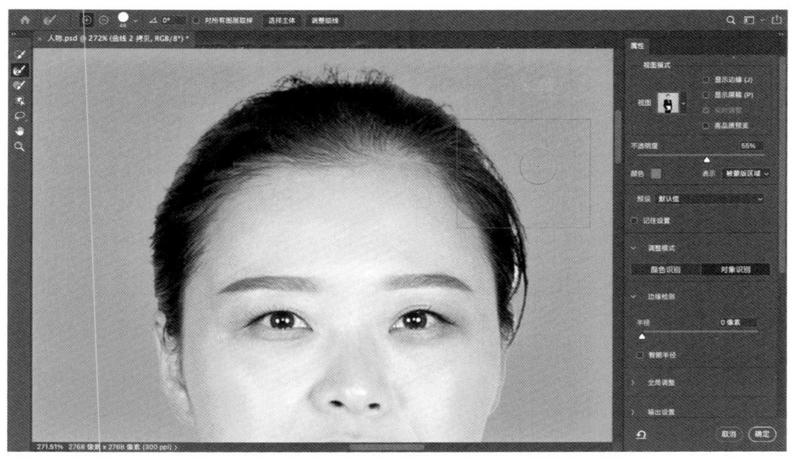

图 8-4-11　人物头发边缘的白色杂边

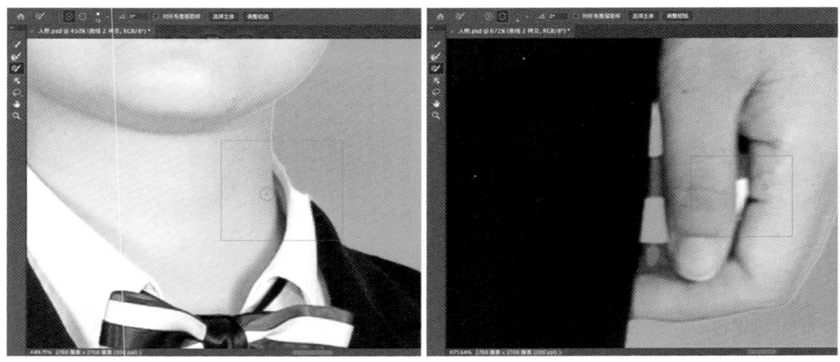

图 8-4-12　人物轮廓边缘被多选和没有被选中的区域

图 8-4-13　调整不透明度为 100%

图 8-4-14　替换背景前后效果图

片放大，然后用“抓手工具”来拖动画面进行图片局部的观察。

细节调整完成后，我们将不透明度调整为100%，再次查看是否还有白色杂边没有被清除，如图 8-4-13 所示。如果观察选区内容和背景区分不明显，可以切换其他视图模式。如果确定没有问题，则选择对应的输出模式并点击确定后，我们便可以得到人物的精准选区了。

图 8-4-14 中的左图是选区建立完成后的效果，右图是替换背景后的效果，人物和背景融合得比较自然，轮廓边缘没有其他杂色干扰。

选区本身没有什么效果，只是被选择的区域，选区创建完成后需要运用其他的工具或者效果命令来实现效果，如给选区的内容调整明暗、调整颜色、内容替换、添加滤镜效果等图片编辑操作。

**【思考与练习】**

1. 如何获取规则、不规则、颜色特征明显、轮廓对比明显物体的选区？

2. 调整选区的方式和种类有哪些？

3. 在后期调整软件中练习使用不同方式创建选区，并修改画面背景。

Chapter 9

# 第九章　蒙版

【学习目标】

1. 了解蒙版的定义和分类。

2. 熟练运用蒙版工具进行图片调整与合成。

3. 理解蒙版、选区、图层间的关系，并掌握其相应工具的运用。

数码摄影后期操作是一个涵盖多图层、多步骤的图片编辑过程，繁杂的操作会为后续修改调整工作带来诸多不便，甚至可能会导致一些内容重新修改。运用蒙版来编辑图片，可以在不损失画面像素的前提下，对图片进行反复编辑和修改。虽然蒙版本身只有显示和隐藏图片内容的作用，但是蒙版和图层、选区之间的关系紧密，在实际操作中，它们之间可以彼此转化，互为利用。这就要求我们不仅要熟练了解蒙版的特性、分类及运用，同时还要掌握蒙版的编辑技巧和蒙版与其他调整工具的搭配使用。

本章对蒙版的定义、分类、运用做了较详细的介绍，同时详尽阐述了蒙版的编辑技法和蒙版与图层、选区之间的关系，以帮助大家在数码后期调整中熟练掌握蒙版的编辑技巧，同时有效地结合其他工具为画面做出理想的效果。

# 第一节　蒙版的定义与分类

蒙版指的是将不同灰色值的像素转化为相对应的不透明度，并作用于所在图层，使图层中不同区域的不透明度相应地产生变化。白色是完全不透明的，即表示当前图层的内容全部显示，黑色是完全透明的，表示当前图层的内容被隐藏。默认蒙版为白色。蒙版只对画面中的黑色、白色、灰色部分起作用。如果使用颜色作用于蒙版，蒙版会自动运用颜色的明度值做运算数值。在Photoshop中，蒙版大致分为快速蒙版、矢量蒙版、剪贴蒙版、图层蒙版4种类型。

快速蒙版主要是将图片中的任何选区作为蒙版进行编辑，直接选用画笔工具并选择不同明度的灰度颜色在图片中进行涂抹即可将蒙版修改，不需要使用通道对快速蒙版进行编辑。退出快速蒙版后，通道不保存编辑过的蒙版。执行“选择”菜单下的“在快速蒙版模式下编辑”命令即可进入快速蒙版编辑模式，按住键盘上的Q键也可以进入或者退出快速蒙版编辑模式。当图片处于快速蒙版编辑模式时，图层显示为红色，这时可以运用“画笔工具”通过设置不同明度的“前景色”在图片中进行绘制，以对快速蒙版进行编辑。如果在没有创建选区的状态下进入快速蒙版，也可以运用画笔工具并选择不同明度的灰度颜色在图片中进行蒙

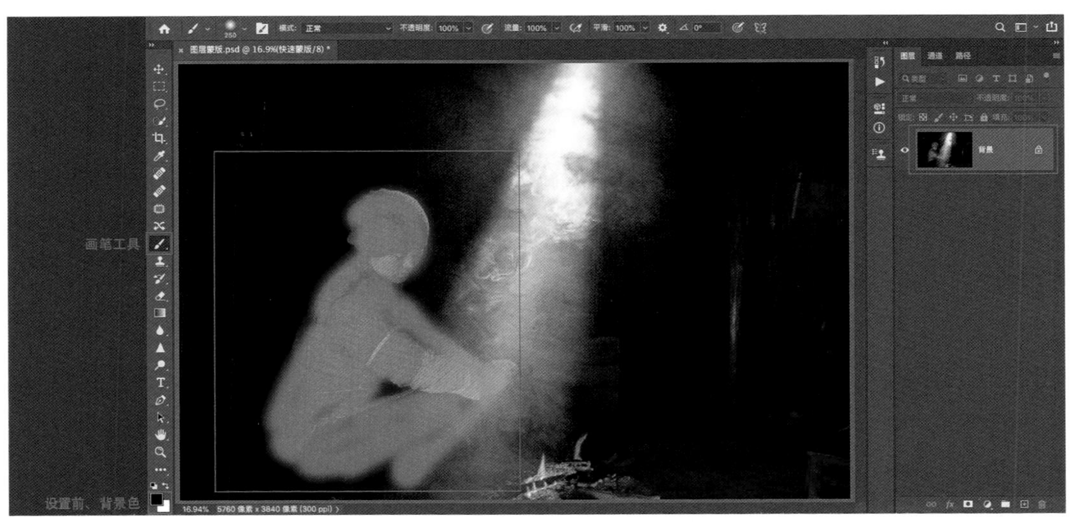


图9-1-1　创建快速蒙版操作界面

版绘制，如图 9-1-1 所示。

矢量蒙版也叫“路径蒙版”。矢量蒙版是从图层内容中绘制出来的路径，可以通过对路径的调整来对矢量蒙版进行调整。矢量蒙版不会因图片的放大或缩小而影响清晰度，与分辨率无关。执行“图层”菜单下的“矢量蒙版”命令，矢量蒙版即可创建完成，画笔工具的颜色绘制对矢量蒙版不起作用，只能通过路径工具进行形状的创建，创建矢量蒙版路径的工具大致包括路径工具、形状工具等。

从图 9-1-2 的左图中我们可以看到，先选用“钢笔工具”绘制出画面中的人物轮廓，然后选择属性栏的“蒙版”选项，这样，矢量蒙版就创建完成了。创建完成后的矢量蒙版会单独在图层右侧生成蒙版预览框，用来查看矢量蒙版的形状和选区的调取，如图 9-1-2 右图所示。

剪贴蒙版与其他蒙版有所不同。剪贴蒙版是使用下方图层的图形形状来限制上方图层的显示状态，达到一种剪贴的效果。如图 9-1-3 所示，上面图层是一幅插秧的图片，下面图层是一段文字，通过对插秧图层执行“图层”菜单下的“创建剪贴蒙版”命令，即可将插秧图片的内容剪贴到文字中，同时还可以对文字图层进行修改和编辑。执行“图层”菜单下的“释放剪贴蒙版”命令，即可取消剪贴蒙版效果。剪贴蒙版的效果只会因形状图层的形状改变而改变，不因形状图层颜色数值的改变而产生变化。

图层蒙版是指在图层上添加的位图蒙版。通过对此蒙版添加不同明度的灰色像素

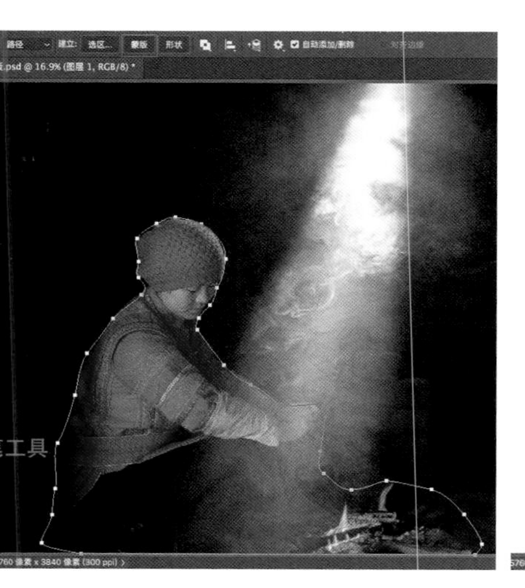

图 9-1-2　使用矢量蒙版制作而成的效果图及其操作界面

来控制当前图层显示和隐藏的内容。当上面图层的内容全部显示时，上面图层的内容会把下面图层的内容遮挡住；当上面图层的内容被隐藏时，下面图层的内容会显示出来。图层中隐藏的内容只是受蒙版的作用不显示，并没有被删除，如图 9-1-4 所示。当图层蒙版被选中时，可以运用“画笔工具”通过设置不同明度的“前景色”在图片中进行绘制，对图层蒙版进行编辑，或者运用颜色填充工具对蒙版进行颜色填充。

上述4种蒙版类型都具有蒙版的作用，只是应用场景有所不同。“快速蒙版”一般在不需要保存蒙版，只是用来快速调整选区的时候较多使用。“矢量蒙版”和“剪贴蒙版”一般在设计、绘图或者创意图片中较多使用。在摄影后期中，图层蒙版的使用频率相对较高，本章也着重讲解图层蒙版的使用。

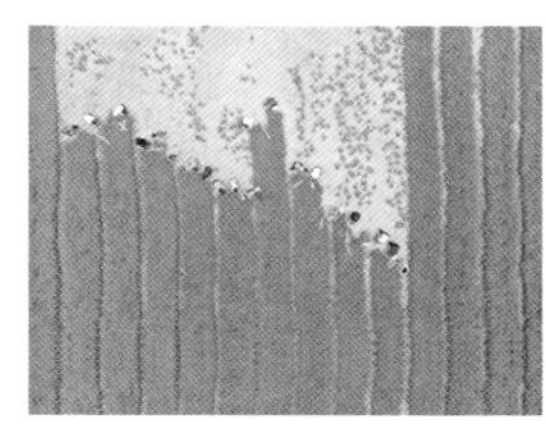


图 9-1-3　使用剪贴蒙版制作而成的效果图及其操作界面

图 9-1-4　使用图层蒙版制作而成的效果图及其操作界面

## 第二节　图层蒙版的运用

在 Photoshop 中建立图层蒙版有两种方式：一种是选中需要添加蒙版的图层，执行“图层”下拉菜单中的“图层蒙版”选项，并选择“显示全部”，图层蒙版建立完成，如图 9-2-1 所示；另一种建立方式是选中需要添加蒙版的图层，单击“添加图层蒙版”选项后，图层蒙版建立完成。建立完成后的图层后面链带一块白色的方块，那就是图层蒙版，如图 9-2-2 所示。这两种方式建立的图层蒙版都默认为白色，即表示该图层的内容完全显示。同时，也可以用创建好的选区通过单击“添加图层蒙版”选项来建立有形状的图层蒙版，建立完成后，图层蒙版不完全是白色，而是被框选区域的内容为白色，未被框选区域的内容则被黑色填充，即表示当前图层被框选区域的内容为显示内容，未被框选的内容则被隐藏，由此达到抠图和图片合成的效果，

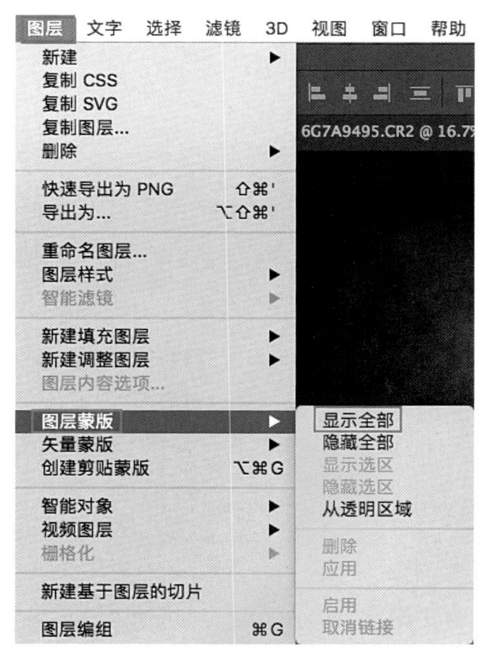


图 9-2-1　点击菜单栏中的相关选项创建图层蒙版

图 9-2-2　选择需要添加蒙版的图层，并点击“添加图层蒙版”选项创建图层蒙版

图 9-2-3　运用图层蒙版进行抠图和图片合成

如图 9-2-3 所示。

在默认状态下，图层与蒙版是相互链接的，即图层缩览图与蒙版缩览图之间有链接图标。当图层与蒙版处于链接状态时，使用“移动工具”移动图层或蒙版，两者将一起移动。当图层和蒙版链接被取消时，即可单独对图层或者蒙版进行移动。如需取消图层与蒙版的链接，单击链接图标即可。在非链接状态下，单击图层与蒙版之间便可以将两者重新链接。

选择蒙版缩览图，然后单击鼠标右键，在弹出的菜单中分别有“停用图层蒙版”“删除图层蒙版”“应用图层蒙版”等命令，如图 9-2-4 所示。选择“停用图层蒙版”命令即可停止使用蒙版；按住 Shift 键并单击图层蒙版缩览图也可停止使用蒙版。当蒙版处于停用状态时，蒙版缩览图上会出现一个红色的“×”，蒙版效果也将不再作用于图层。“删除图层蒙版”可以将蒙版删除。“应用图层蒙版”可以将蒙版效果应用于图层中并把蒙版删除。应用和删除蒙版可以减少工程文件大小。

选择蒙版并点击“属性”图标会弹出蒙版属性操作界面，也可以用鼠标双击蒙版缩览框来调取蒙版属性界面。蒙版属性操作界面从上到下分别为“密度”“羽化”“选择并遮住”“色彩范围”“反相”5 个调整选项，如图 9-2-5 所示。“密度”调整控件主要控制蒙版的不透明度，最小值为 0%，最大值为 100%，当“密度”调整控件数值为 0% 时，表示蒙版效果不起作用，而随着数值增加，蒙版作用效果会逐渐明显。“羽化”调整控件主要是模糊蒙版边缘，使蒙版内蒙住和未蒙住区域之间有较柔和的过渡，“羽化”数值越大，边缘模糊效果越明显，蒙版边缘过渡得更平滑。“选择并遮住”“色彩范围”“反相”三个调整选项主要是用这三个工具来调整蒙版的分布状况，“反相”选项可以使蒙版区域和未蒙版区域相互调换。三个工具的使用和之前介绍的使用方式和效果一样。

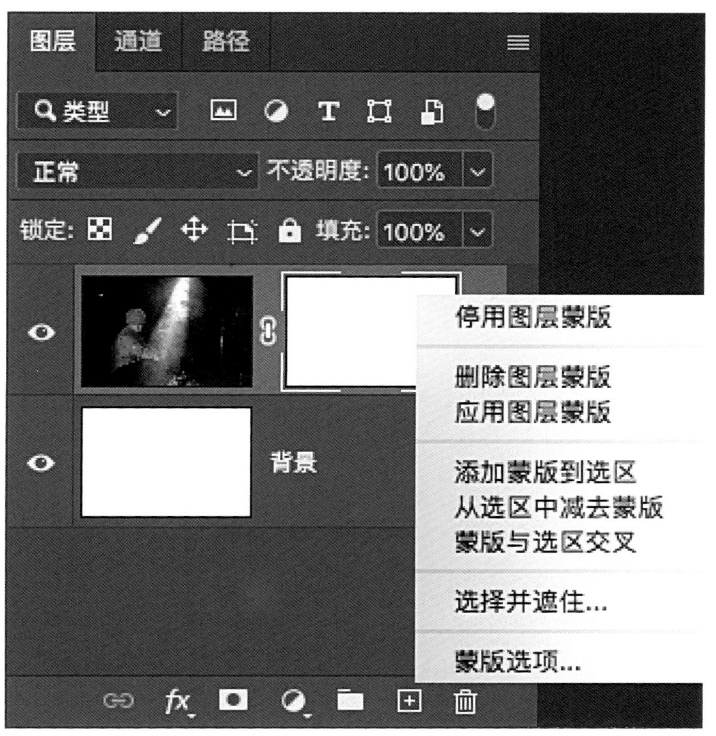


图 9-2-4　图层蒙版弹框界面

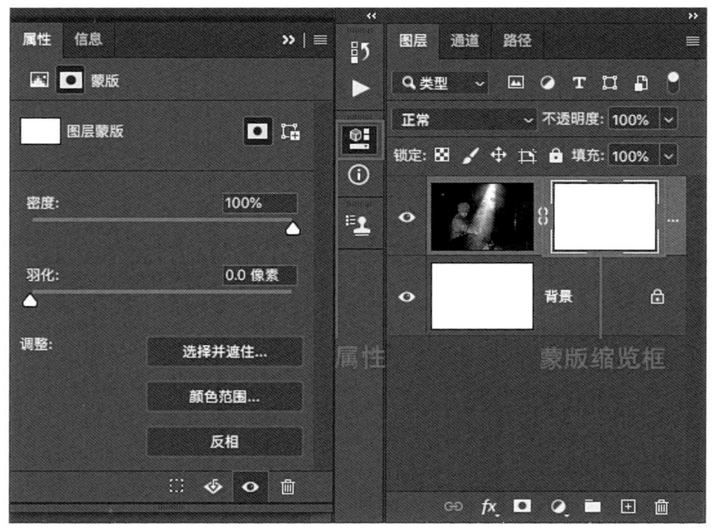


图 9-2-5　蒙版属性操作界面

## 第三节　图层蒙版、选区、图层的关系及运用

数码后期调整过程中要想既做到精细化调整，又便于反复修改，在后期操作时不可避免会运用到图层、图层蒙版和选区，这 3 个工具搭配其他工具使用才可以满足数码后期调整中的各种需求。

图层是选区和图层蒙版的承载体，选区和蒙版只有作用在图层才能实现其效果。选区可以在任何类型的图层中创建并调整，当选区建立完成后，既可以对当前图层选区进行内容添加、复制、调整等操作，也可以将选区运用到其他图层。图层蒙版必须和图层一起，如果没有图层，那图层蒙版就没有载体。选区和蒙版之间可以相互转化，选区可以转成蒙版，蒙版也可以转换成选区。

在 Photoshop 中，我们可以通过“选择并遮住”工具输出带有蒙版的图层，将选区转化成蒙版，也可以运用图层界面中的“添加图层蒙版”和“创建新填充或调整图层”命令进行转化。选中蒙版预览框，执行“选择”下拉菜单中的“载入选区”即可将蒙版影响的范围转化为选区，也可以按住 Ctrl（Win）/Command 键的同时单击鼠标左键蒙版预览框获取。虽然蒙版和选区之间可以相互转化，但是在实际应用中对选区精准度比较高的操作一般运用先创建精准的选区，然后再转化成蒙版，以便于日后的调整和修改。对选区精准度要求不严的操作可以直接对蒙版修改调整即可。

接下来，我们用一个综合的合成案例来演示图层、蒙版、选区以及其他相关工具的综合运用。

图 9-3-1 拍摄的是故宫的场景。图片作者请我为这幅作品定一个主题，并对其进行后期调整。当看到这幅作品的时候，我首先想到的是当时正在热播的电视剧《甄嬛传》，再结合图片的拍摄地点、内容，我最终决定图片以表现后宫争斗的内容为主题。以主题为切入点对图片进行分析，图片中的城楼和夜色与主题大致切合，但是主题中的后宫争斗的氛围没有突显出来。图片在构图上也存在失衡的问题，右侧的内容过于单一，元素之间的关系不紧密，画面中月亮的比例偏小，夜晚的气氛没有被月亮烘托出来。

基于以上对图片的分析，我将后期调整的思路确定为三个部分，第一部分是解决图片构图问题，即场景的搭建。将城楼以对称的方式呈现既可以让图片构图均衡，也可以形成一种对称的美感。第二部分是确定宫斗内容的承载体。一提到宫斗，大家一般想

图 9-3-1　故宫场景原图（拍摄者：张琳）

图 9-3-2　后期合成素材

到的画面都是以人物为主体的，但是人物过于具象，作为宫斗的主体，人物形象给观者的想象空间不大，意向性不强。猫作为宫斗的承载体会比较合适。猫既有狡猾的一面，也有温和的一面，因此在本案例中，我找了一只看起来不是很温和的猫来做宫斗的承载体。第三部分就是宫斗和夜色氛围的渲染。本案例中我选择了用大月亮和满天飞鸟作为夜色和宫斗的氛围渲染，如图 9-3-2 所示。

在 Photoshop 中打开图片，选择“污点修复画笔工具”将天空中的月亮修掉，避免后续对城楼复制时，将月亮也进行拷贝，如图 9-3-3 所示。

运用“矩形选框工具”在图片左侧绘制羽化数值为 0 的矩形选框，将左侧城楼框选中。然后单击鼠标右键并选择“通过拷贝的图层”将左侧选框中的城楼进行复制，如图 9-3-4 所示。

左侧城楼复制完成后，执行“编辑 >“变换”>“水平翻转”[快捷键 Ctrl+T（Win）/ Command+T（Mac）]操作，这样就可以将左侧复制的城楼进行水平翻转呈现了，如图 9-3-5 所示。

运用“移动工具”将完成水平翻转的左侧城楼图层向左侧水平移动，使图片形成对称构图。接下来，用“添加图层蒙版”工具为复制的城楼图层添加蒙版，并运用不透明度为 100% 的“画笔工具”在两个图层的衔接处进行上下涂抹，以便隐藏衔接处衔接不自然的边缘。运用画笔涂抹时，需将前景色设置为黑色，这样，画笔在蒙版上绘制黑色时，才会将衔接边缘隐藏，如图 9-3-6 所示。

衔接边缘调整完成后，运用“裁剪工具”将右侧多余的画面内容进行剪裁，这样，图片的基本场景就搭建完成了，如图 9-3-7 所示。

执行“文件”>“置入嵌入对象...”，将猫的素材嵌入搭建完成的场景中。当素材嵌入完成后，需要通过界面右上方的“√”选项或者按回车键进行确认，如图 9-3-8 所示。由于猫的素材背景不干净，所以我们需要对猫进行抠图处理。

运用快速选择工具的“选择主体”选项快速创建猫的选区，如图 9-3-9 所示。然后观察选区内有没有明显的多选或少选的区域。如果有，可以运用“添加到选区”或“从选区中减去”两个选区调整工具对选区进行优化调整。选区调整完成后。运用“选择并遮住 ...”对选区进行细致调整。

在选择并遮住的调整界面中，将图片进行放大显示，以便于细微调整时对图片进行观察。将半径数值调整成为 10 像素，让选区的边缘进行自动调整，然后运用 30 的调整边缘画笔工具在猫的轮廓边缘进行涂抹，对猫的边缘毛发进行细致提取，如图 9-3-10 所示。然后点击确定，选区的细

图 9-3-3　运用“污点修复画笔工具”修掉原图中的月亮

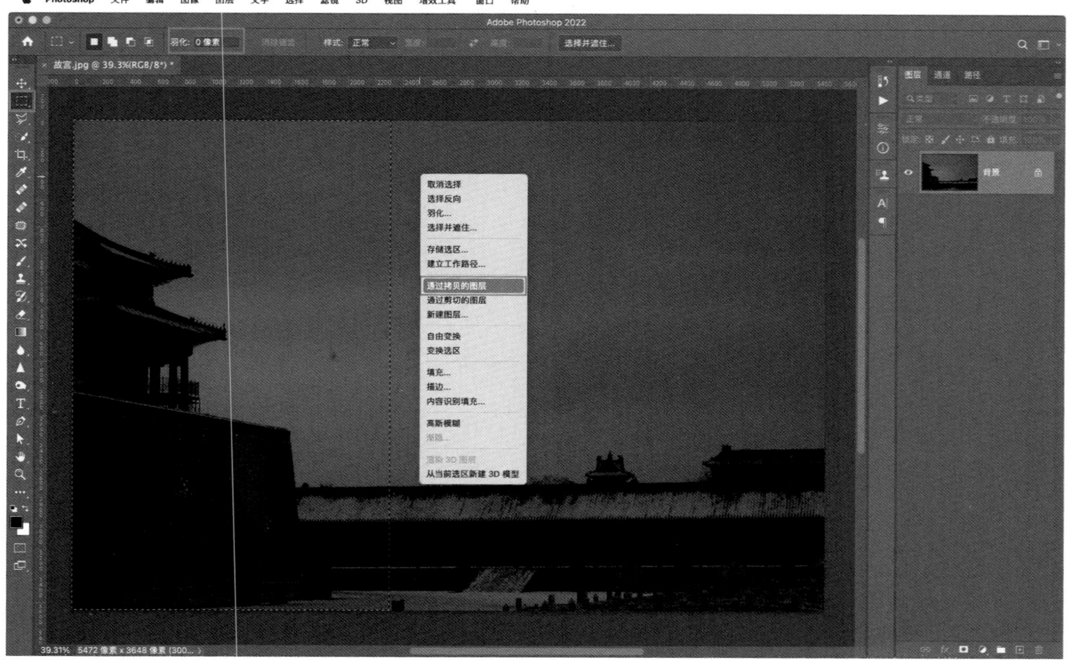


图 9-3-4　复制图片左侧城楼

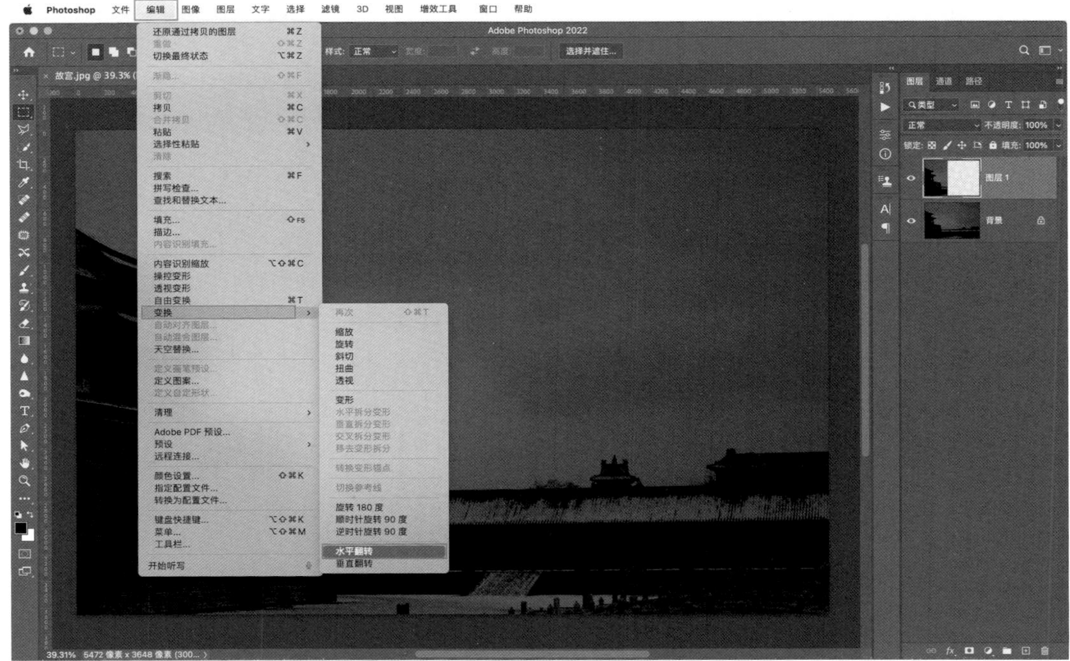


图 9-3-5　将复制的城楼进行水平翻转

图 9-3-6　调整画面左右对称，同时隐藏衔接处不自然的边缘

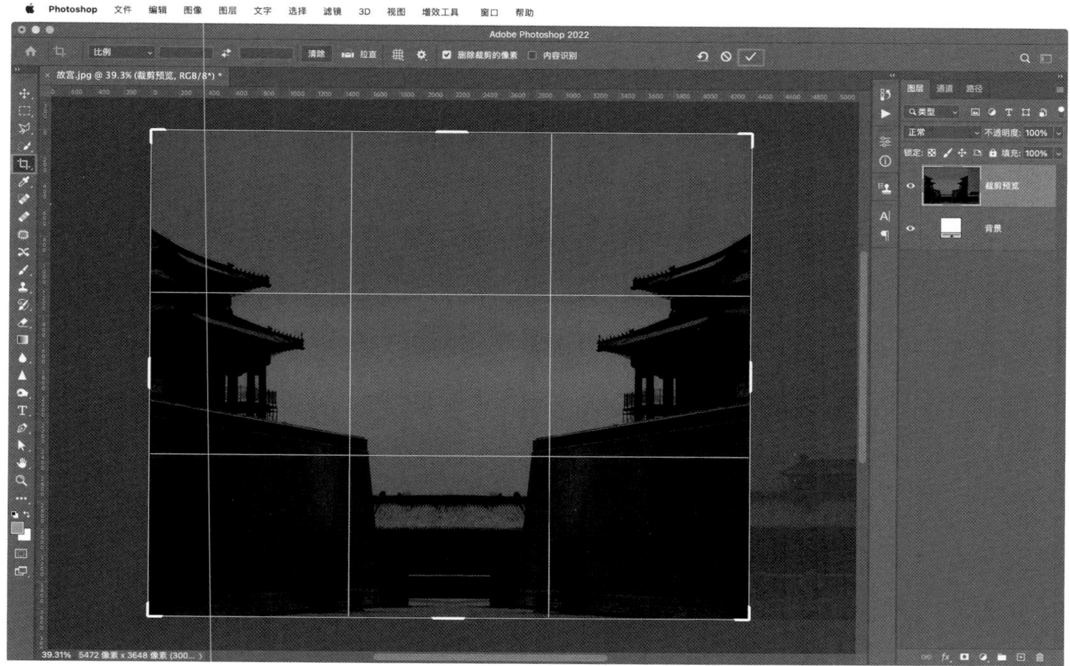


图 9-3-7　裁剪掉多余的画面内容

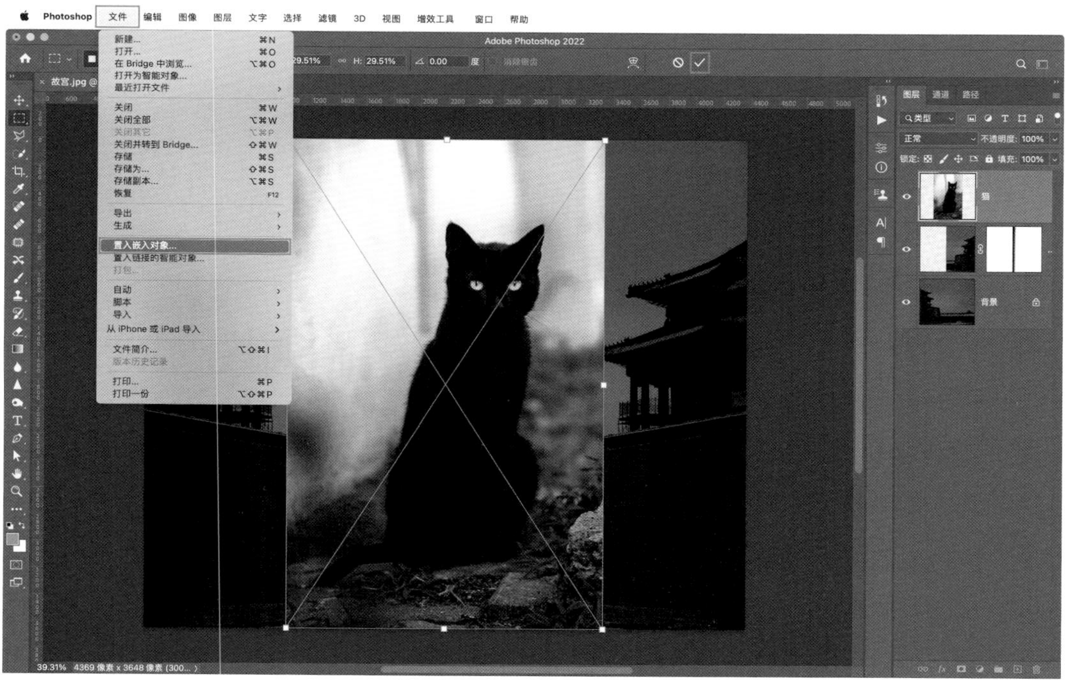


图 9-3-8　将猫的图片嵌入搭建完成的场景中

图 9-3-9 使用“选择主体”选项快速创建猫的选区

图 9-3-10 对所选取的猫的边缘进行细致调整

致调整即可完成。

猫的选区建立完成后，用添加图层蒙版工具直接为猫创建一个带有选区的蒙版。当蒙版建立完成后，在蒙版的图像预览框中便形成了一个含有猫形状的蒙版，如图9-3-11所示。蒙版中的白色区域表示会被显示出来，黑色区域则会被隐藏。通过蒙版的作用，猫的抠图效果完成。如果效果不理想，可以对蒙版进行再编辑。

由于猫在文件中的显示比例过大，因此需要将猫适当缩小，以便呈现效果符合视觉透视关系。执行“编辑”＞“变换”＞”缩放”，将猫调整为合适的比例，并将其移动至图片的中间位置，然后点击确定即可完成猫的比例和位置的调整，如图9-3-12所示。

运用同样的操作方式将月亮的素材进行导入、抠图、大小位置调整，如图9-3-13所示。

执行“文件”＞“置入嵌入对象...”，将飞鸟的图层置入文件中，并将大小和位置调整合适。因为飞鸟素材的背景接近于白色，所以可以直接运用图层混合模式中的正片叠底对白色进行过滤来调整。这样，在不需要抠图的情况下，便可以将飞鸟直接叠加上了，如图9-3-14。

由于使用同一模板叠加的飞鸟在姿态的呈现上较呆板，缺乏层次感，所以我们可以运用蒙版对飞鸟的虚实进行调整。运用“添加图层蒙版”工具给飞鸟图层添加蒙版，然后运用50%透明度的“画笔工具”对飞鸟进行涂抹，使飞鸟有虚实层次的呈现。在运用“画笔工具”时，要将前景色设置为黑色，如图9-3-15所示。这样，图片合成工作基本完成，合成后的呈现效果在影调和色调上都比较和谐，元素与元素之间的比例、位置分布比较合理，但是图片的局部明暗和颜色分布仍需进一步调整。

合成后的城墙稍稍有些偏亮，因此可以单独对其进行压暗处理。选择多边形套索工具，将羽化数值设置为10像素，将城墙区域以选区的形式进行选中（因城墙的边缘轮廓线形特征明显，所以选用多边形套索工具），如图9-3-16所示。选区创建完成后，运用创建调整图层工具创建一个曲线调整图层，对选区中的内容进行明暗和颜色的调整。

在曲线的RGB复合通道模式中，将基线最右侧的控制点向下拖拽，将城墙调整成高光压缩的效果，然后选择红色通道，对基线最左侧的控制点向上拖拽，为选区中的红色添加了红色，如图9-3-17所示。这样，图片从合成到调整就都完成了，原图与经过后期调整的最终效果对比如图9-3-18所示。当然，这只是简单的调整，如果需要更加细致的调整和元素添加，可以自己在实际应用中多多练习。

图 9-3-11 创建猫的图层蒙版

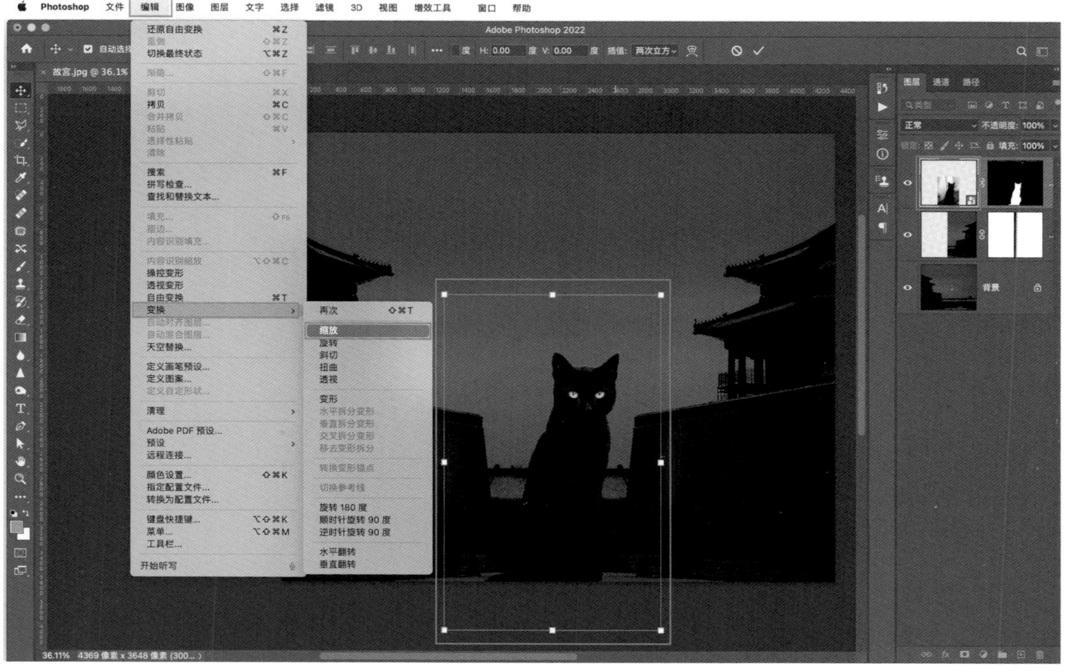


图 9-3-12 调整猫在画面中的比例和位置

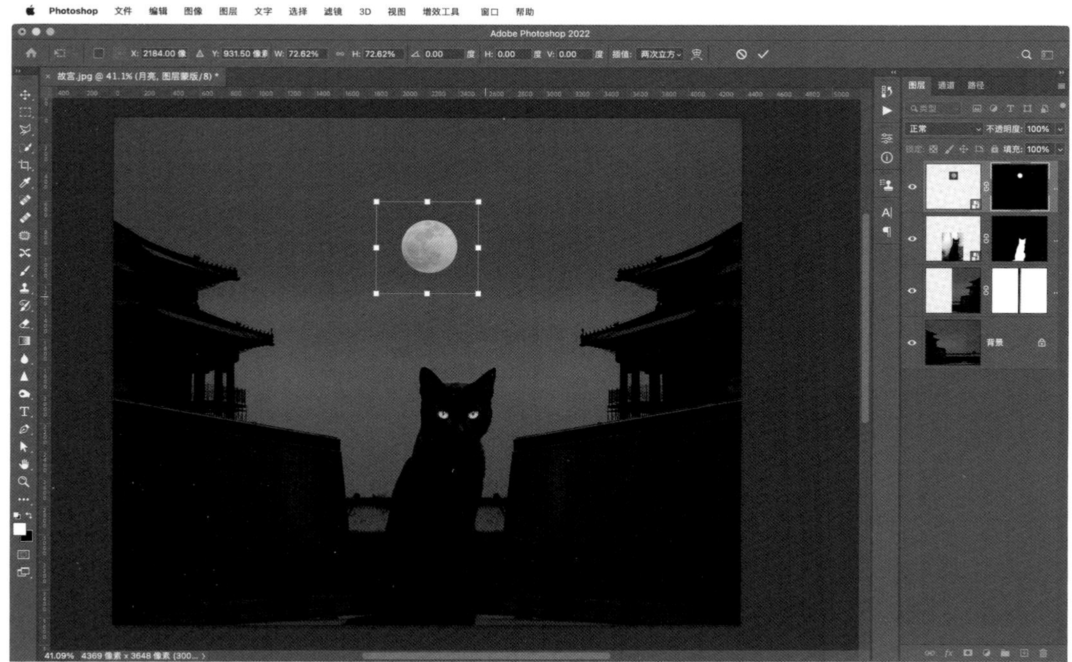


图 9-3-13　导入月亮素材并对月亮进行抠图处理

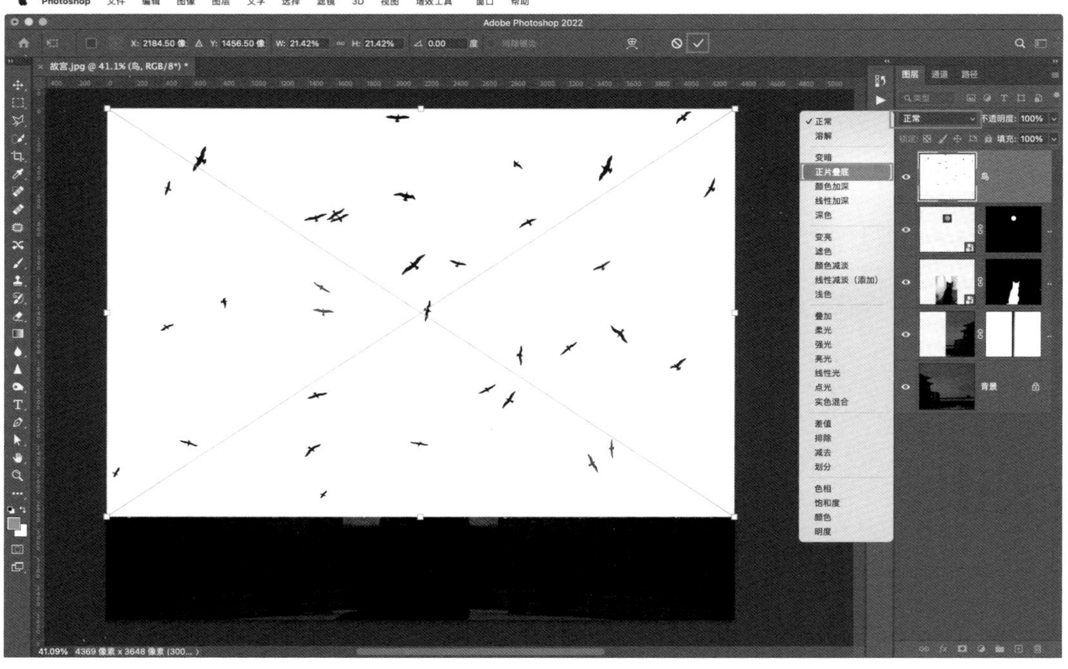


图 9-3-14　使用图层混合模式向图片中添加飞鸟

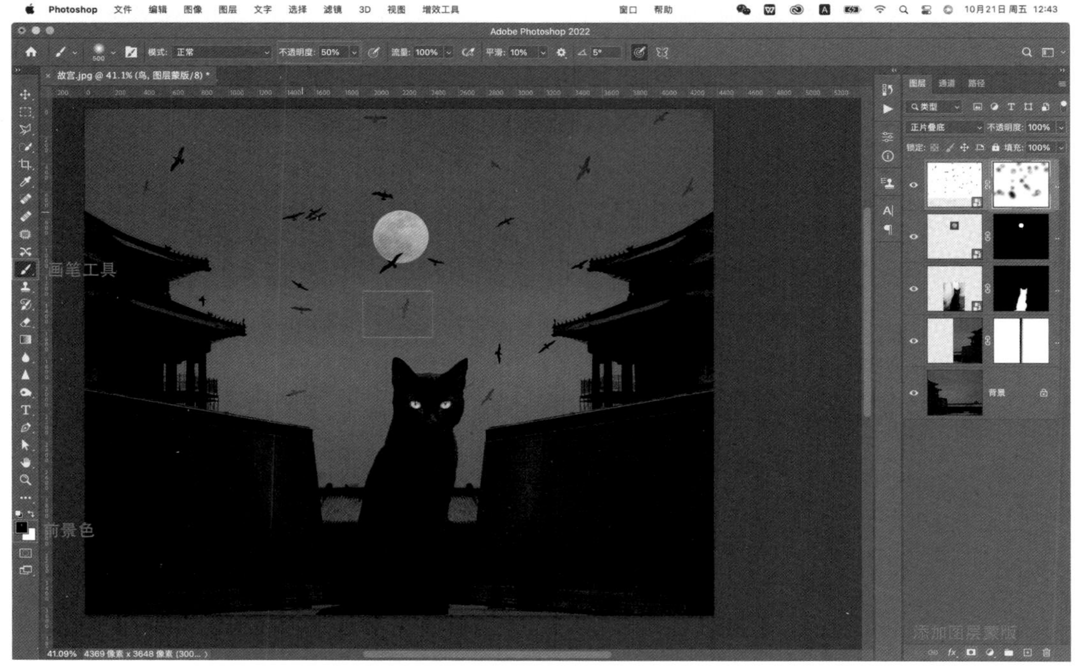


图 9-3-15　运用“画笔工具”在飞鸟图层添加蒙版上进行涂抹，使飞鸟的呈现更有层次感

图 9-3-16　使用多边形套索工具对城墙进行圈选

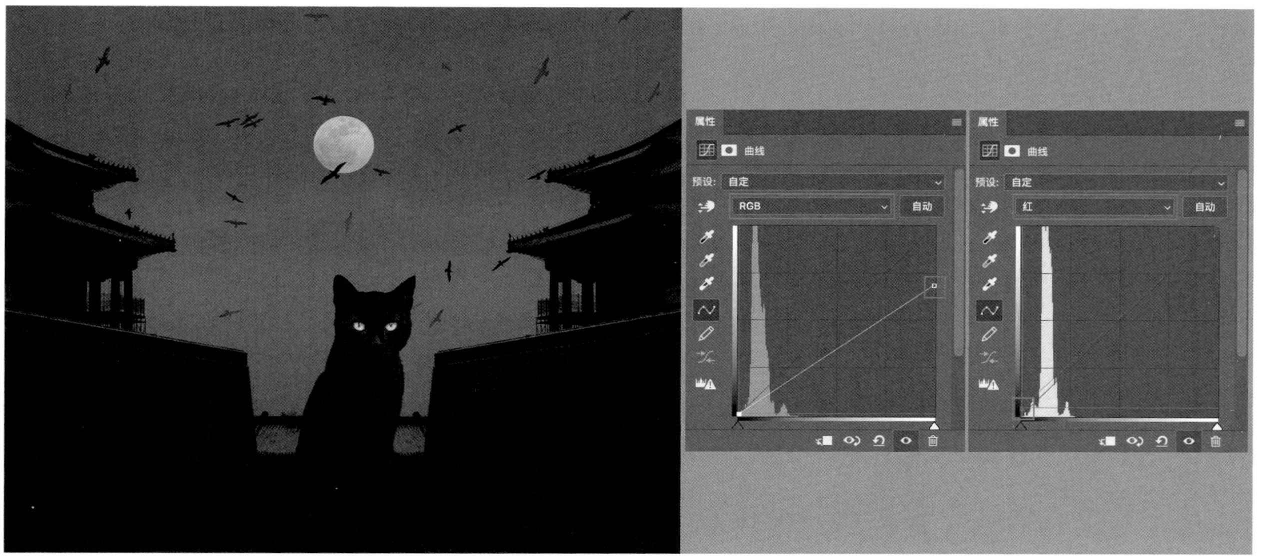


图 9-3-17　运用曲线对城墙做压暗处理

图 9-3-18　后期调整前后效果对比

**【思考与练习】**

1. 蒙版的作用是什么？

2. 思考蒙版、选区和图层间的关系。

3. 运用所学内容，在后期调整软件中制作一幅有新意的作品。

# 附录：总结

数码摄影后期调整是一个比较复杂的思考和操作过程，不仅需要良好的美学基础作为后期调整思路的指引，同时还需要操作者熟练掌握操作工具，只有两者结合，才能使操作者在后期调整过程中所想即可得。本书尝试着从摄影后期的来源，传统暗房与数字暗房的关系，后期思路的建立，调整的内容分类再到工具的分类和具体操作进行了梳理和详解，希望能帮助读者解决在摄影后期调整过程中所面临的困惑和存在的问题。

当然，本书也只是将摄影后期调整中的重要内容进行了阐述，并没有涵盖整个摄影后期中所运用到的工具和知识点，但是这些内容已经能够满足我们在摄影后期调整过程中的需求了。接下来，我用图解的方式为大家对书中的内容做个总结，以便于大家能够更富有逻辑性、更成体系地理解和掌握摄影后期调整的步骤。

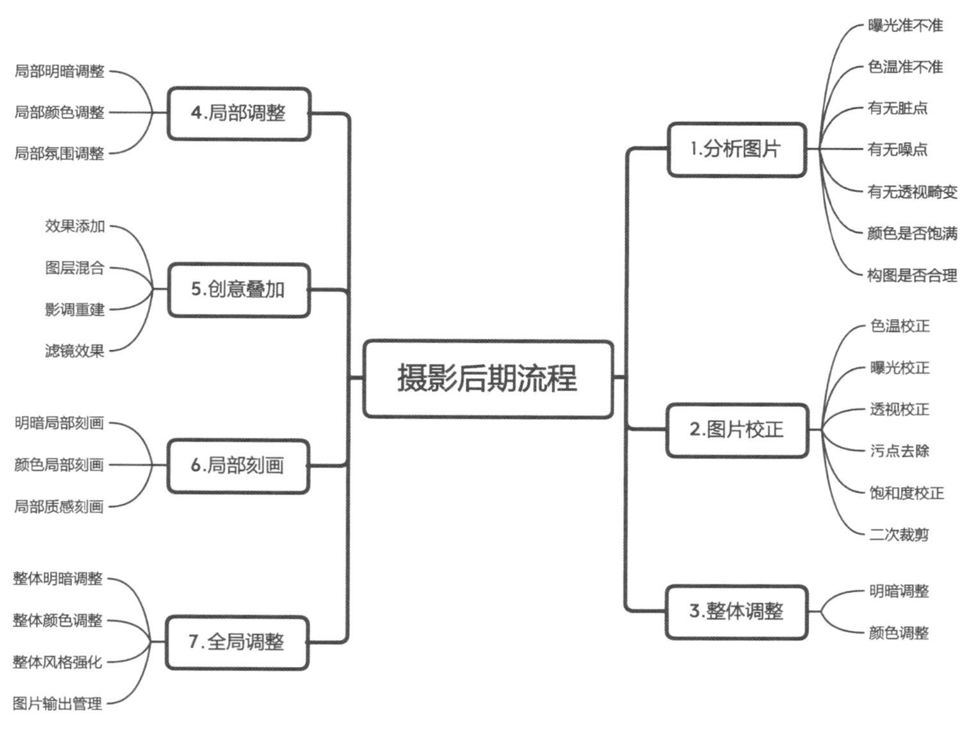


后期的操作流程示意图

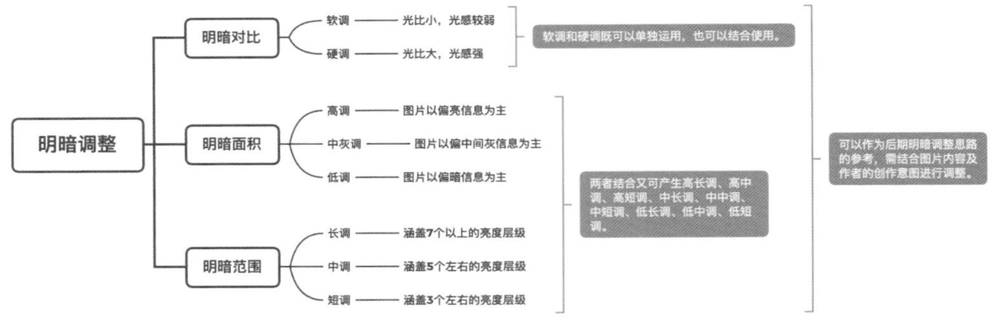


明暗调整内容示意图

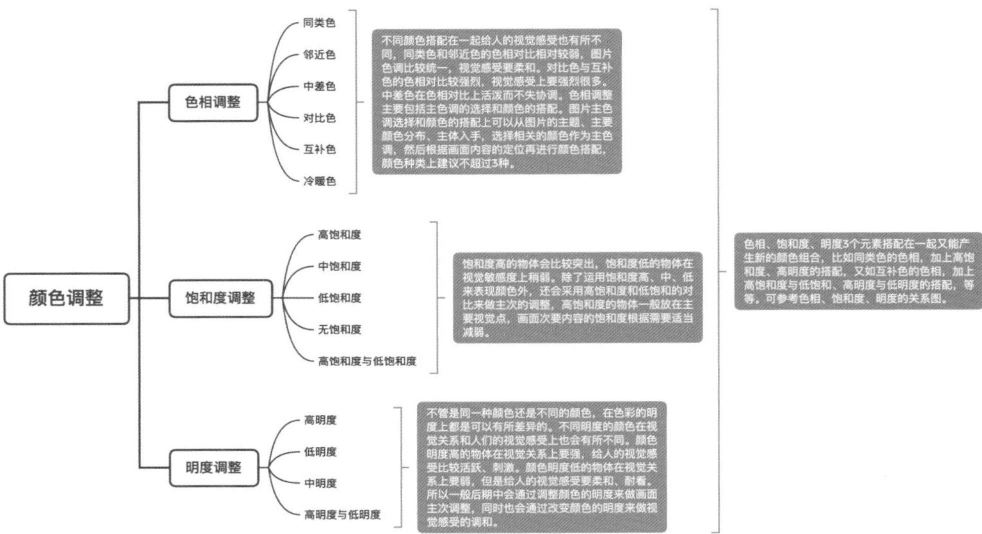


颜色调整内容示意图

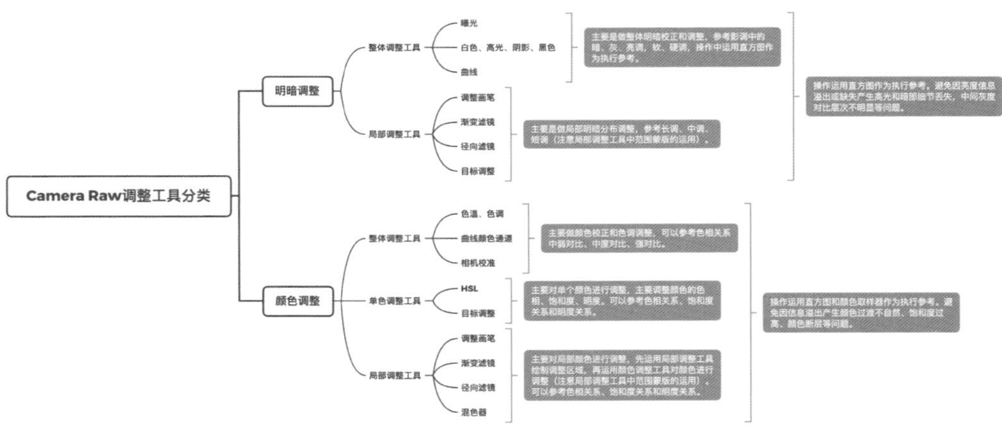


Camera Raw 调整工具分类示意图

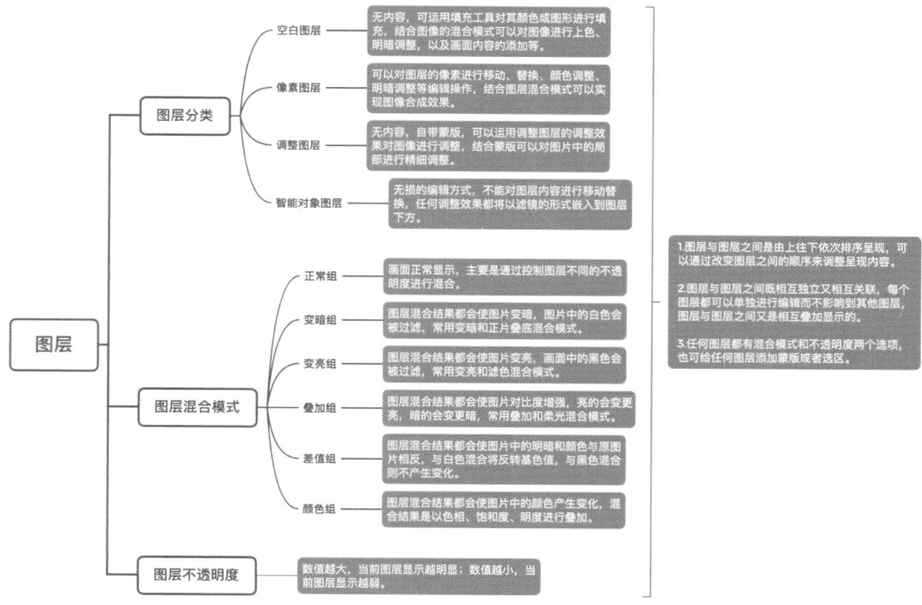

图层相关内容示意图

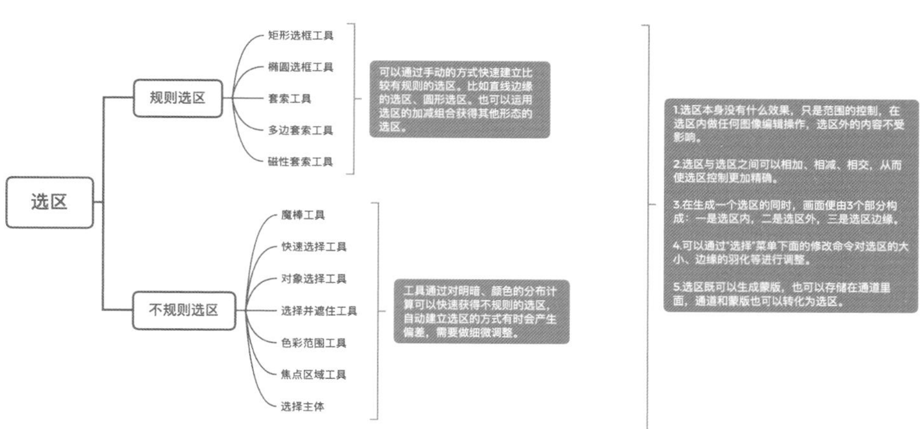

选区相关内容示意图

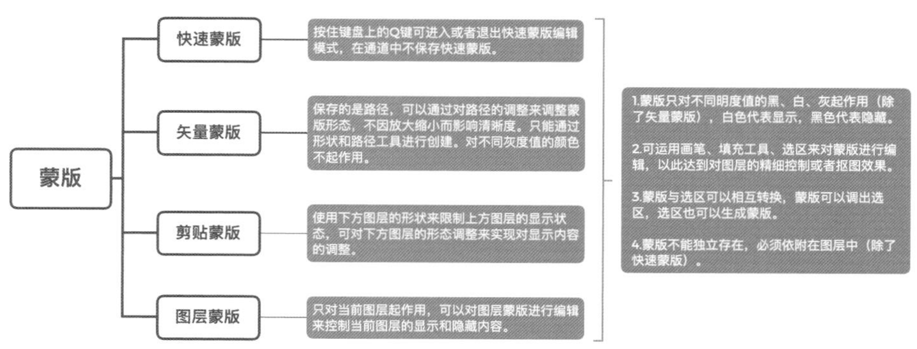

蒙版相关内容示意图